Regen in Zeiten der Klimakrise oder: Kann ChatGPT Literatur?

Verband deutscher Schriftstellerinnen
und Schriftsteller (VS) Berlin

Originalausgabe
© 2024 Hirnkost KG
Lahnstraße 25, 12055 Berlin
prverlag@hirnkost.de
http://www.hirnkost.de/

Alle Rechte vorbehalten
1. Auflage März 2024

Vertrieb für den Buchhandel:
Runge Verlagsauslieferung
msr@rungeva.de

Privatkund:innen & Mailorder:
https://shop.hirnkost.de/
Unsere Bücher kann man auch abonnieren!

Layout: Typografie/im/Kontext

ISBN:
PRINT: 978-3-98857-063-5
PDF: 978-3-98857-065-9
EPUB: 978-3-98857-064-2

Hirnkost versteht sich als engagierter Verlag für engagierte Literatur. Mehr Infos:
https://www.hirnkost.de/der-engagierte-verlag/

Salean A. Maiwald 83
SOMMER 2017

Heinrich von der Haar 87
JÜNGSTES GERICHT

Michael-André Werner 97
RAUSCHEN

Ruth Fruchtman 105
REGEN IN MAILAND

Ilke S. Prick 113
KATHY'S SONG

Josephina Vargas W. & Co. 121
REGEN VARIATIONEN I – XX
GEDICHTE – AUSWAHL

Edeltraud Schönfeldt 129
AUGUSTREGEN 1

Orla Wolf 131
REGENGESCHICHTE

Sigrid Maria Groh 141
DIE ERNTE DER SCHLACHTFELDER –
AUSZUG AUS DER ERZÄHLUNG
DER GÄRTNER GOTTES

Die Autorinnen und Autoren 147

Regen in Zeiten der Klimakrise oder: Kann ChatGPT Literatur?

Verband deutscher Schriftstellerinnen und Schriftsteller (VS) Berlin

HIRNKOST

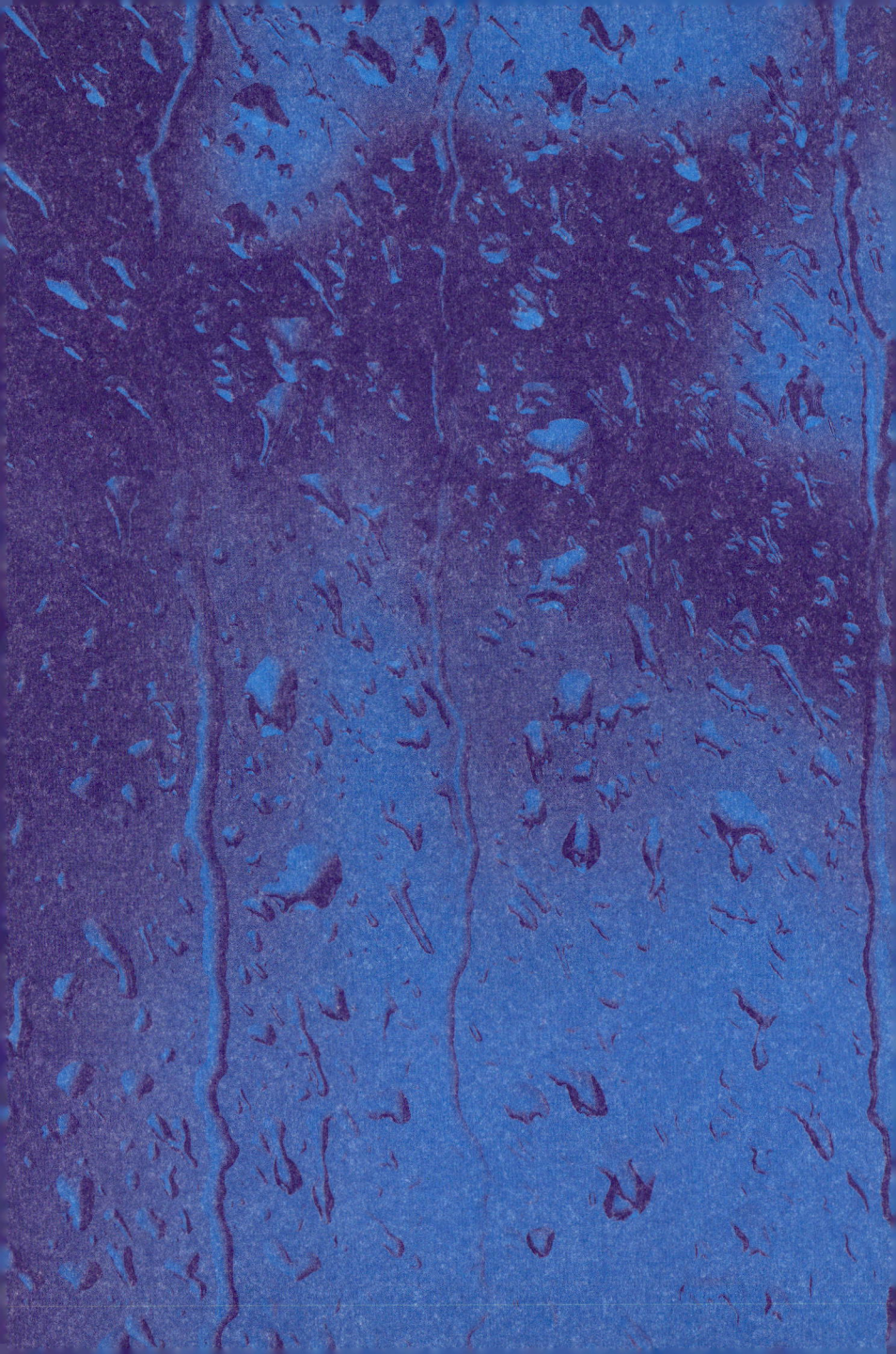

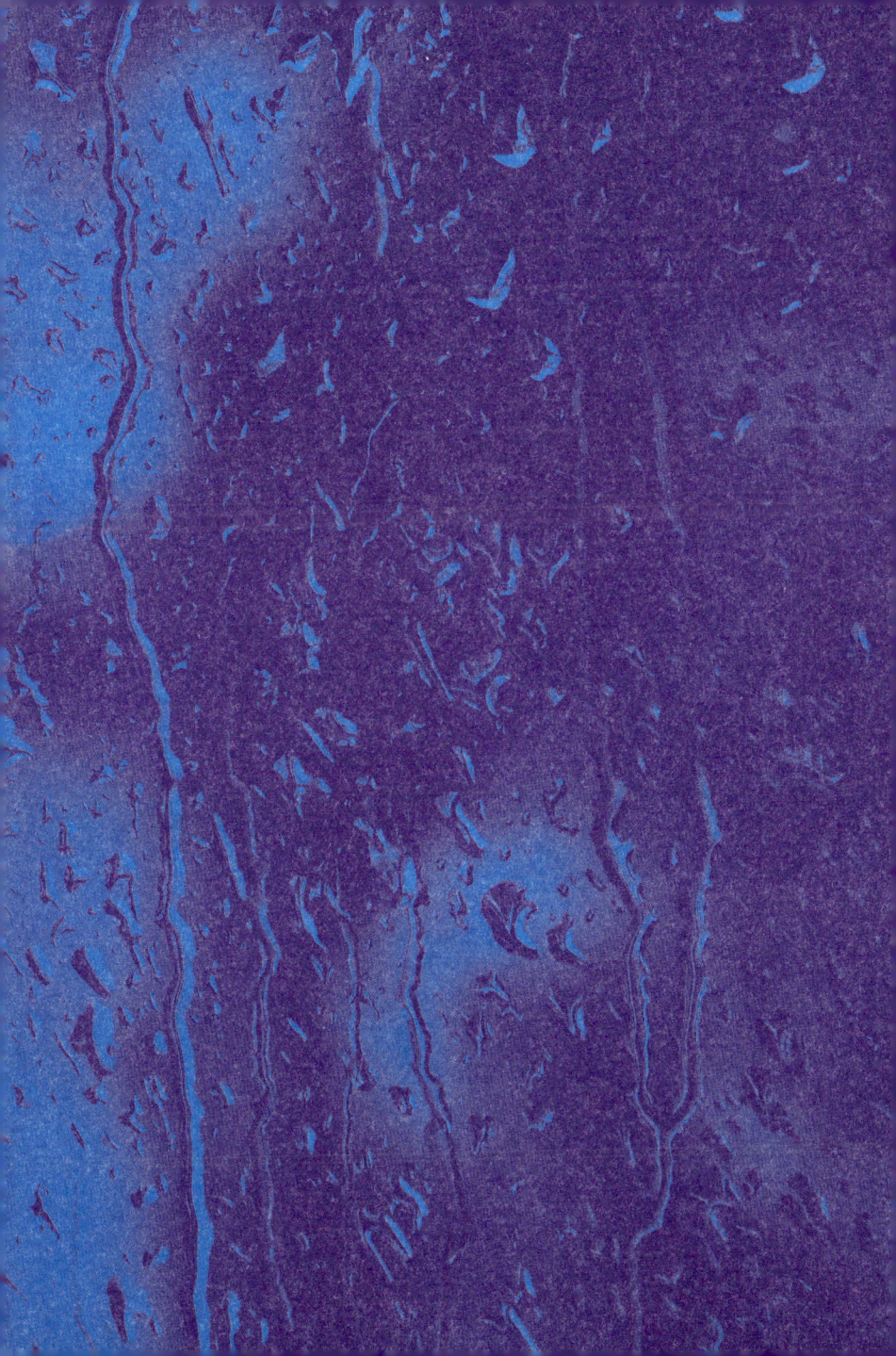

Inhalt

Martina Wildner 9
VORWORT ODER: KANN CHATGPT LITERATUR?

Reinhild Paarmann 13
*WIR WERDEN IN ZUKUNFT TANZEN,
WENN DER REGEN KOMMT*

Gisela Witte 17
AM HORIZONT

Paul M Waschkau 27
ZUR FRAGE DES REGENS

Ulrike Gramann 35
WASSER UND ZORN

Andra Joeckle 41
REGENTANZ

Jürgen Polinske 49
SOMMERGEWITTER

Cornelia Becker 51
DER NACHMITTAG, ALS WIR UNS LIEBTEN

Bernd Kebelmann 59
REGENFRONTEN

Sarah Covak 65
DER GEDANKENENTWURF VII

Waltraud Schade 71
AUF DER SUCHE NACH DEM REGEN

Georg Steinmeyer 77
DER MANN IM REGEN

Martina Wildner

Vorwort oder: Kann ChatGPT Literatur?

```
Die Straßen verwandelten sich in Stromschnellen,
Als das Wasser stieg, ohne sich je zu stellen.
Eine Frau, allein, in der Tiefe gefangen und fern,
Bangend, ertränkt zu werden in dieser nassen modernen Stern'.
```

Zugegeben, es ist etwas gemein, eine Strophe eines ChatGPT-Gedichts zu zitieren, ist doch Lyrik eines der schwierigsten aller literarischen Genres – Autorinnen und Autoren anderer Genres mögen mir diese Aussage verzeihen. Hier ein anderes Zitat aus einem Prosatext von ChatGPT:

```
Die Liebe, die wir miteinander teilten, war in
diesem Moment von einem Schleier der Besorgnis
umhüllt. Trotz der räumlichen Trennung und der
Entfernung von 500 Kilometern spürten wir die
Verbindung zu meiner Mutter, zu dem Ort, der von
der Naturkatastrophe heimgesucht worden war.
```

Auf den ersten Blick mag dieser Abschnitt sinnvoll klingen, fast poetisch. Bemerkenswert ist auch das Tempo, in der die KI Texte produziert. Trotzdem stellt sich die Frage: Ist das, was ChatGPT schreibt, Literatur? Aber was ist Literatur überhaupt? Um vielleicht eine Antwort auf diese Frage zu finden, haben wir vom VS Berlin dieses kleine Experiment gestartet.

Die Versuchsanordnung:
20 Autorinnen und Autoren stellten sich im Juni 2023 dem Thema „Regen". Der Blick auf dieses Wetterphänomen hat sich in Zeiten der Klimakrise

ja geändert. Verregnete Sommer, gemütliche Regentage, das gleichmäßige Rauschen des Wassers in den Dachrinnen, das alles gibt es nur noch in unseren Erinnerungen. Stattdessen: Staub, steinharte Erde und Starkregenereignisse mit Überschwemmungen.

Mit dabei als 21. Teilnehmende*r (das Geschlecht einer KI ist nicht ganz geklärt) war auch ChatGPT. Wir verwendeten dafür die KI von OpenAI – eine Einbeziehung von KI-Alternativen hätte zu weit geführt. Das erste Textergebnis war denkbar schlecht, denn der Prompt lautete lediglich: „Schreibe eine Geschichte mit dem Thema ‚Regen'."

Eine KI, das ist ja inzwischen allgemein bekannt, wird umso „besser", je genauer der Prompt ist.

Deswegen sollten die Autorinnen und Autoren auf der Grundlage ihres eigenen Textes einen Prompt verfassen und dann ChatGPT zuführen (oder von mir zuführen lassen).

Die Herangehensweise an so ein Experiment innerhalb einer Anthologie wurde natürlich diskutiert. Längst nicht alle Teilnehmenden waren von der Idee begeistert, eine KI mitmachen zu lassen, weil sie eine Entstellung oder Demontage ihrer eigenen Arbeit fürchteten, was absolut verständlich ist. Auch die Gefahr, in einen „Wettstreit" mit der KI treten zu müssen, war ein Diskussionspunkt.

Also stellten wir als Herausgeber*innen die Teilnahme an dem KI-Experiment frei.

Tatsächlich sind die Ergebnisse, die die KI liefert, oft unschön – im literarischen Sinn. Die Wirkung mancher Texte wäre durch die nachgestellte ChatGPT-Version komplett zerstört worden, sodass wir in manchen Fällen auch entschieden, die Texte für sich stehen zu lassen.

Wir haben sowohl die Prompts als auch die ChatGPT-Produkte wortwörtlich, unkorrigiert und kommentarlos übernommen – bei einem Text jedoch kommentierte ChatGPT sich selbst:

This content may violate our content policy. If you believe this to be in error, please submit your feedback — your input will aid our research in this area.

Viel Spaß bei der Lektüre!

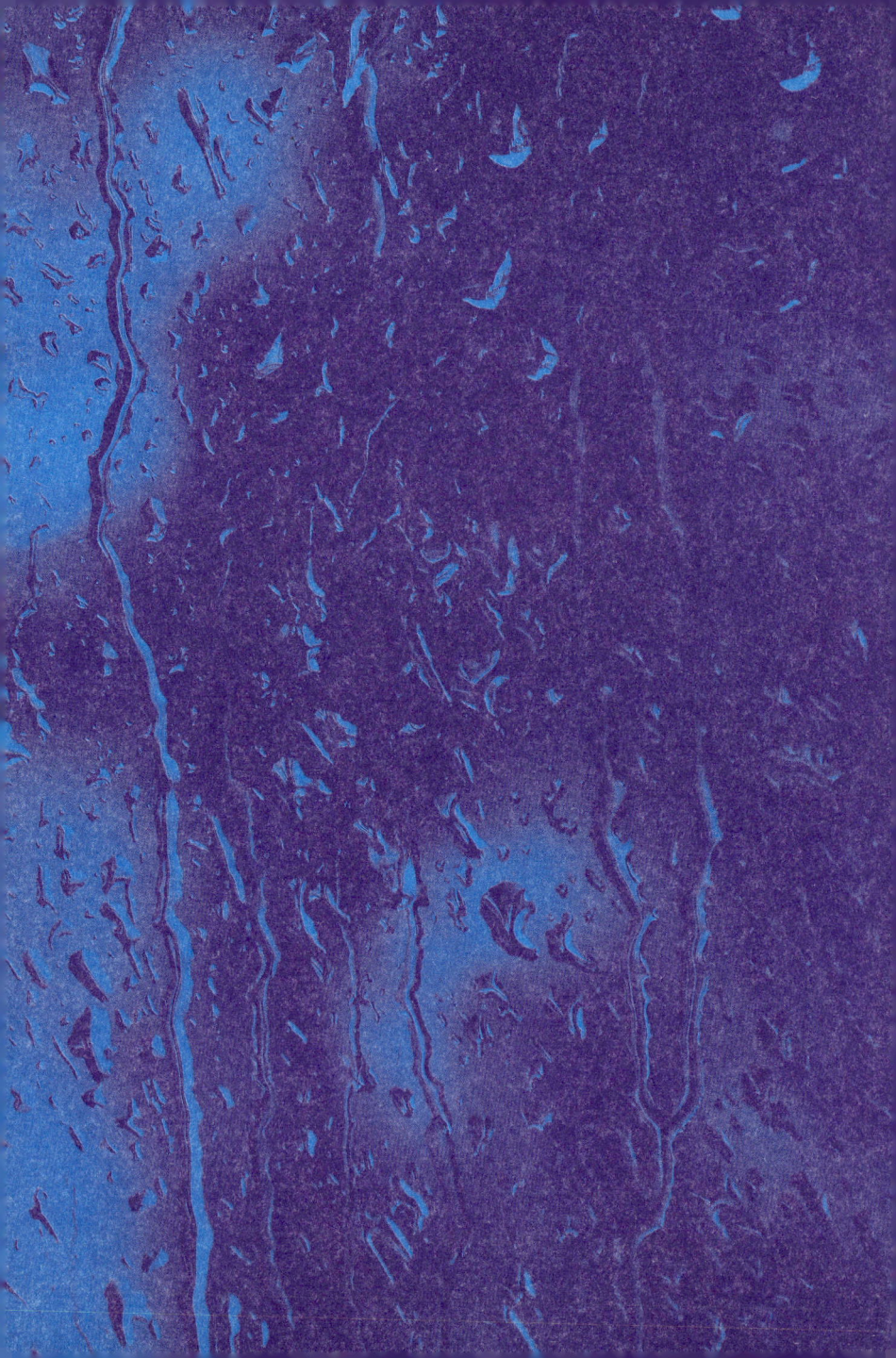

Reinhild Paarmann

Wir werden in Zukunft tanzen, wenn der Regen kommt

Die Erde versucht vergeblich, ihre schmallippigen Münder aufzusperren, um Regenwasser aufzusaugen, aber sie sind oft festbetoniert. In Rajasthan fangen die Menschen das Regenwasser in Bottichen auf, denn dort gibt es nahe der Wüste fast nur Salzwasser. Wir machen das nicht mehr. Ein Eichhörnchen ertrank in unserem Wasserbottich. Mir fallen die *Regentonnenvariationen* von Jan Wagner ein.

Wer kann Regen besser beschreiben als Charles Dickens in seinem Buch *Bleak House*: „Abscheuliches Novemberwetter. So viel Schmutz in den Straßen, als wenn sich die Wasser eben erst von der Erde verlaufen hätten und es gar nicht verwunderlich wäre, einem vierzig Fuß langen Megalosaurus zu begegnen, der wie eine elefantengroße Eidechse Holborn Hill hinaufwatschelt ..."

Da fällt einem die Sintflut-Erzählung ein. Gott strafte die sündigen Menschen mit einer Sintflut. So sehen es gläubige Menschen. In Wirklichkeit war es nur ein Tsunami.

„... wir schwatzen den Wolken die Regentropfen ab", steht im Roman *Ich bin Circe* von Madeline Miller.

1972 in Berlin: Die schwarzen Regentropfen auf meiner weißen Bettwäsche.

Ich bastelte mal einen Regenmacher: Einen Bambusstab füllte ich mit Reis, die Öffnung wurde mit Pappe und Klebeband verschlossen. Hin- und herdrehen. Es hört sich an, als ob es regnen würde. In Chile wurde der

Regenmacher erstmals bei Zeremonien eingesetzt.

Das Geräusch erinnert mich an die *Regentropfen-Prélude* von Chopin, als er mit George Sand in Mallorca war.

Wir werden in Zukunft tanzen, wenn der Regen kommt, wie die Inder in der Monsunzeit. „… der Regen [wurde] so heftig, dass das Wasser in langen Schnüren vom Himmel peitschte …" *Und dann verschwand die Zeit*, Zukunftsroman von Jessie Greengrass.

Ich erinnere mich an Tschernobyl 1986, wie wir den ersten Regen danach als Feind betrachteten. Ich duckte mich unter die tropfenden Zweige, um nicht den verstrahlten Regen abzubekommen.

Die Überschwemmungen im Ahrtal 2022 durch Starkregen. Wir waren damals im Auto unterwegs. „… auf der Scheibe reisen Tropfen, Wischer putzt sie zur Seite, jetzt prasselt Regen, Tauf-Spritzer geduscht vom Auto, das Nass fällt wie reifes Obst, es strichelt, Grün saugt genüsslich die Nässe, Flüsse schwellen", schrieb ich damals.

2008 soll China zur Eröffnungsfeier der Olympischen Spiele durch Beschießen von Wolken mit Silberiodid zu freundlichem Wetter gekommen sein. Seit der Aufzeichnung 1961 leidet China unter Dürre. Wenn das Verfahren wirklich zum Abregnen von Wolken führen sollte, warum setzt das Land es dann nicht großflächig ein?

Ich bin kein *Armer Poet* wie der von Carl Spitzweg, der seinen schwarzen Schirm unter dem defekten Dach installiert hat, weil es sonst reinregnet. Wenn er in der Gewerkschaft gewesen wäre wie die 11.500 Drehbuchautoren in Amerika, die seit dem 2. Mai 2023 streiken für bessere Arbeitsbedingungen, höheren Lohn und höheren Zuschuss für die Krankenversicherung, hätte er ein besseres Dach gehabt. Leider gab es zu seiner Zeit noch keine Gewerkschaft.

„*Oh, Champs-Elysées, oh Champs-Elysées, Sonne scheint, Regen rinnt, ganz egal …*" Nein, es ist nicht egal. Klimaveränderung. Länder trocknen aus. Wir wundern uns über die vielen Geflüchteten. Klimaveränderung als Fluchtgrund. Werden die Industrienationen das akzeptieren, sie, die am meisten zur Klimaveränderung beitragen?

Müssen wir die *Regentrude* von Storm aufwecken, damit es genügend regnet?
„Denn der Regen, der regnet jeglichen Tag", Shakespeare, *Was ihr wollt*. Ja, so war es in England, auch als wir ein paar Mal dort waren. Aber selbst England klagt schon über Dürre. London 32°C.
Ich habe vor einiger Zeit *Der große Regen* von Louis Bromfield gelesen. Hunger und Tod warten auf die Bewohner von Ranchipur, wenn der Regen ausbleibt. Endlich regnet es, aber mit solcher Gewalt, dass er viel zerstört und die Cholera bringt. Ein westlicher, verwöhnter Intellektueller, der den Monsun malen wollte, verändert sich radikal und hilft der Bevölkerung. Erwartet uns das auch: Monsunregen? Müssen erst Naturkatastrophen passieren, damit wir nicht gegen die Natur handeln? Wir sind ein Teil von ihr.

Ich erinnere mich, wie wir in der Schule den Kreislauf des Wassers lernten. Die Sonne zieht das Wasser zu den Wolken, bis sie so schwer werden, dass sie abregnen.

In Japan sagt man, dass die Regentropfen ihre Füßchen ganz eng aneinanderschmiegen, wenn es stark regnet.

1355 regnete es in England Frösche, wie eine Chronik von 1557 berichtet. Das ist nichts Ungewöhnliches. Schon in der Bibel, im Buch *Exodus* heißt es: „Aaron streckte seine Hand über die Gewässer Ägyptens aus. Da stiegen die Frösche herauf und bedecken das ganze Land." In England sagt man ja auch, es regne Hunde und Katzen. Wenn man das nachforscht, stellt man fest, dass das Regnen von Fröschen, aber auch Fischen immer wieder auftaucht, zuletzt 1969 in der *Sunday Express* berichtet. Und dies nicht nur in England, auch in Australien, Serbien und anderen Ländern. Der Stark-Sturm hebt die Tiere in die Luft und lässt sie an anderer Stelle fallen.

Sätze wie Regentropfen sammeln. Entsetzt sein über den Gedanken, dass der nächste Krieg wohl um Wasser geführt werden wird.

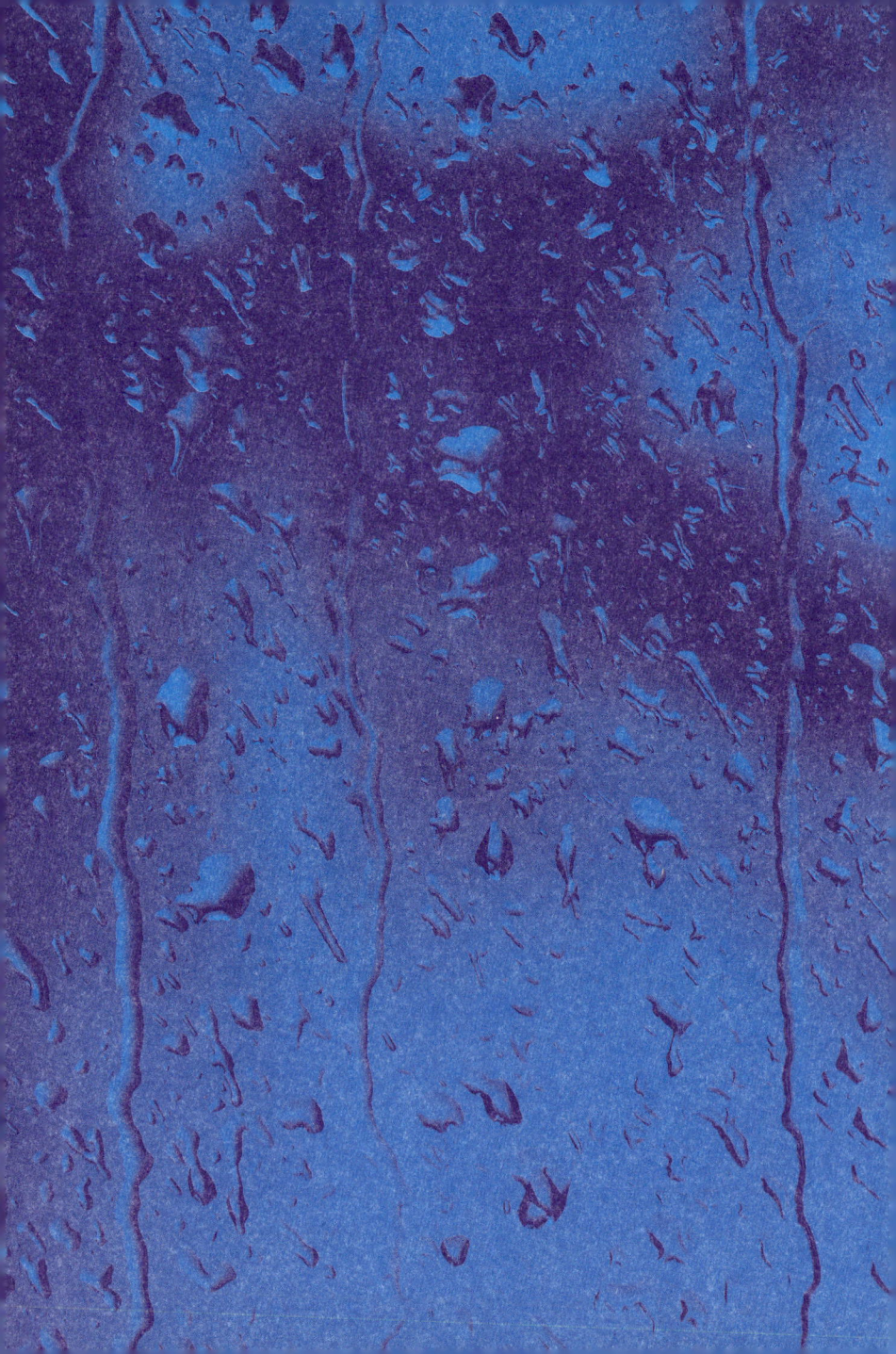

Gisela Witte

Am Horizont

Von Tag zu Tag wurde das Leben beschwerlicher. Der Supermarkt öffnete nur für einige Stunden am frühen Morgen und Getränke waren schnell ausverkauft. Auf dem Heimweg schob Beate das Fahrrad den Hügel zu ihrem Haus hinauf. Einen Moment hielt sie schnaufend inne und sah zurück zum Fluss. Was für ein trauriges Rinnsal!

Im Hausflur traf sie Viola, ihre jüngere Schwester, die von der Boutique kam, in der sie arbeitete.

„Es war die Hölle", beklagte sie sich. „Die Klimaanlage ist ausgefallen und die Kunden bleiben lieber zu Hause. Ohnehin wollen sie sich bei dem Wetter lieber aus- statt anziehen. Wir öffnen nur noch vormittags." Sie tupfte sich den Hals mit einem Taschentuch ab. „Heute Abend treffe ich mich mit ein paar Frauen zu einem Zuni-Regentanz, wir tragen dazu Federkostüme und Türkisschmuck. Die Federn und Türkise symbolisieren Wind und Regen. Das soll sehr wirksam sein."

Beate verfiel in einen Lachkrampf. Sie lachte, als sie die Lebensmittel in den Kühlschrank räumte, und kicherte noch bei der Zubereitung des Essens.

In der kommenden Nacht wachte sie erschrocken auf. Ihr Schlafzimmer war von einem grellen Licht erhellt. Auf den Blitz folgte ein nachhallender Donner. Waren das Regentropfen, die auf das Fensterbrett klatschten? Sie sprang aus dem Bett und eilte zum Fenster. Es regnete nicht nur, es schüttete! Sie sog die frische Luft ein. Es war, als würde die Natur aufatmen.

Auch an den folgenden Tagen regnete es ununterbrochen.

„Entweder ihr habt den Zuni-Tanz zu lange getanzt", sagte Beate am

Frühstückstisch, „oder ihr habt zu viele Federn und Türkise getragen."
Sie ergriff Violas Hand. „Hast du gesehen, wie schnell das Wasser den Hügel hochsteigt? Der Fluss ist zu einem reißenden Strom geworden und in den Straßen fahren Boote, beladen mit Menschen und ihren Haustieren auf der Flucht. Wir müssen etwas unternehmen."

„Du hast recht", antwortete Viola. „Wir müssen abhauen. Im Internet steht, es werden Archen eingesetzt, die hier täglich vorbeifahren, Schiffe, mit einem grünen A bemalt. Sie nehmen Tiere und Menschen paarweise auf."

Beate sprang auf.

„Ich habe eine Idee."

Sie lief zur Garage, entstaubte das Schlauchboot, pumpte es auf. Dann setzte sie den Motor in Gang. Er funktionierte und es gab ausreichend Benzin. Sie vertäute das Boot am Eingangstor.

„Wir müssen einen Beobachtungsposten einrichten und zum Boot laufen, sobald die Arche auftaucht", schlug sie vor.

„Achtung, Schiff in Sicht!", schrie Viola am nächsten Nachmittag vom Dachboden. Sie rannten zum Gartentor, sprangen in das Boot und düsten dem Schiff entgegen. Die Arche verlangsamte das Tempo und ein Mann erschien an Deck.

„Hallo", rief Beate und winkte. „Nehmen sie uns mit?"

Der Mann sah sie abwechselnd an.

„Ich darf nur Paare mitnehmen."

„Wir kommen mit allen unseren Vorräten", versprach Beate.

„Tut mir leid. Die Vorschriften."

Er entfernte sich mit einem grimmigen Gesichtsausdruck vom Deck, das Schiff nahm wieder Fahrt auf.

„Mistkerl!" Beate schickte dem Mann sämtliche Flüche hinterher, die ihr einfielen.

Zu Hause saßen sie mit düsteren Gedanken auf dem Sofa.

„Es wird lebensgefährlich. Wir müssen weg, bevor wir wie die Ratten ersaufen", sagte Viola. Sie sah Beate schuldbewusst an. „Mein Freund hat mich auf seine Yacht eingeladen, die nur zwei Personen trägt. Aber ..."
„Du musst die Chance nutzen", unterbrach Beate sie. „Ich bin froh, wenn ich dich in Sicherheit weiß. Bitte geh!"
Sie umarmte Viola, was sie lange schon nicht mehr getan hatte.

Beate war jetzt allein im Haus, abgeschnitten von der Welt. Kein Laut war zu hören, nur das gleichmäßige Rauschen des Regens. Würde sie die Schwester je wiedersehen? Sie verbot sich, in Selbstmitleid zu verfallen und dachte, sie sollte handeln. So zog sie sich Gummistiefel an und bahnte sich durch den matschigen Boden einen Weg zum Gartentor. Dort hisste sie ein weißes Küchenhandtuch, das sie an einem Stock befestigte.

Mit Schrecken stellte sie fest, dass der Fluss sich inzwischen zu einer großen Wasserfläche ausgedehnt hatte, die bis zum Gartentor reichte. Nur in der Ferne waren noch einige Häuserdächer und ein Kirchturm sichtbar.

Da hörte sie von draußen ein leises Wimmern. Beate öffnete das Gartentor und sah einen etwa neunjährigen Jungen, mit schmerzverzerrtem Gesicht, der sich am Lattenzaun festkrallte, um nicht von der Flut mitgerissen zu werden.

„Oh mein Gott!"

Unter Aufbietung aller Kräfte zerrte sie den Jungen, der den Zaun nicht loslassen wollte, in den Garten. Sie schleppte ihn in das Haus und versorgte ihn mit Hosen und Pullovern, die er umkrempeln musste.

„Wie heißt du, mein Junge?"

„Sven."

Das war das erste und letzte Wort, das er in den nächsten Tagen sagen sollte. Später, nachdem er Vertrauen zu Beate gefasst hatte, erzählte er stockend, wie das Boot mit seiner Familie gekentert war und er sich als Einziger retten konnte.

Mittlerweile stand die Wiese im Garten unter Wasser. In einer der schlaflosen Nächte kam Beate eine rettende Idee. Warum war ihr das nicht schon früher eingefallen?

„Lass uns vom Dachboden nach einer Arche Ausschau halten", sagte sie zu Sven. „Sieh nach einem großen Schiff mit einem grünen A."

Stunden vergingen. Beate übernahm den Beobachtungsposten auf dem Speicher, dann wieder Sven.

„Da!", schrie er auf einmal und fuchtelte mit den Armen.

Jetzt erblickte auch Beate das Schiff. Sie nahm Sven bei der Hand, rannte mit ihm die Treppen abwärts. Sie stapften durch das hüfthohe Wasser zum Schlauchboot am Tor, sprangen hinein. Beate ließ den Motor an. Sie erreichten die Arche, winkten und schrien. Das Schiff stoppte allmählich die Fahrt. Ein Mann mit einem grauen Bart beugte sich über die Reling.

„Bitte nehmen Sie uns auf!", rief Beate. „Wir sind zwar kein Paar. Aber Bedingung für die Aufnahme ist ja bekanntlich nur ein weibliches und ein männliches Wesen, das Alter spielt keine Rolle."

Der Mann kratzte sich unschlüssig am Bart.

„Meinetwegen", sagte er, „das ist ohnehin die letzte Arche, die fährt."

„Ich bin Köchin und kann aus Wenigem ein tolles Gericht zaubern, bringe jede Menge Vorräte und Getränke mit."

„Willkommen an Bord, ich heiße Albert", sagte der Mann etwas freundlicher.

Beate fuhr mit Sven, der ihr nicht von der Seite wich, achtmal hin und her, um alles Notwendige zu transportieren. Selbst an Blumentöpfe und Pflanzensamen hatte sie gedacht. Nachdem das Schlauchboot auf das Schiff verfrachtet worden war, bekam Beate weiche Knie und musste sich setzen. Sven schmiegte sich zitternd an sie.

„Die Erleichterung", murmelte sie entschuldigend.

Das Schiff nahm wieder Fahrt auf.

„Außer mir ist nur noch mein erster Offizier Herrmann an Bord. Hält sich nur in seiner Kajüte oder auf der Kommandobrücke auf." Albert zögerte. "Und da gibt es noch die Vögel."

Er führte sie in den Laderaum. Die Käfige mit den paarweise untergebrachten Vögeln waren bis unter die Decke gestapelt. Es gab alle Arten von Singvögeln wie Finken, Nachtigallen und Amseln, aber auch Raubvögel in größeren Volieren. Das Flöten und Tschilpen verstummte, als sie den Raum betraten.

"Ich soll sie zu einem sicheren Ort bringen, damit sie nicht aussterben. Kümmerst du dich um ihre Pflege, Sven?"

"Super, mach ich gerne. Ich mag Vögel."

Beate schaffte sofort Ordnung in der Kombüse und setzte den mitgebrachten Samen für Gemüse und Kräuter in die Blumentöpfe.

"Wo fahren wir hin? Gibt es ein Ziel?", fragte sie Albert.

Er seufzte.

"Schwierige Frage. Hoffe, einen Ort zu finden, der nicht überschwemmt ist."

Tag für Tag bahnte sich das Schiff einen Weg durch die graue Brühe, die bis zum Horizont reichte und in einen grauen Himmel überging. Selten begegnete ihnen ein Schiff, manchmal ein leeres oder umgekipptes Boot.

Fast jeden Morgen fragte Beate: "Albert, hast du schon etwas am Horizont gesehen, einen Berg, Bäume?"

Und jedes Mal schüttelte er betrübt den Kopf.

"Das nicht. Aber man darf die Hoffnung nicht verlieren. Ich wünsche mir eine Hafenkneipe am Horizont."

"Und ich meine Schwester und mein Haus." Beate seufzte.

"Und ich ...", sagte Sven. Ihm kamen die Tränen und er schwieg.

"Sieh mal", sagte sie eines Morgens zu Albert und deutete auf ihre Blumentöpfe, in denen sich grüne Blättchen zeigten. "Ist das nicht toll? Das werden Salatköpfe."

Alberts Gesicht erhellte sich.

„Kommt mal mit. Ich muss euch auch was zeigen."

Er zog Beate und Sven nach draußen.

„Oh Mann! Der Regen hat aufgehört!", schrie Sven und umarmte Beate.

Im Grau des Himmels öffnete sich ein blaues Loch und ein Sonnenstrahl zeigte sich. Das Leben würde weitergehen. Beate spürte ein starkes Glücksgefühl in sich aufsteigen.

User:

Bitte schreibe eine Geschichte: Im ganzen Land herrscht eine glühende Hitze. Viola berichtet ihrer Schwester Beate, dass sie sich mit ihrer Frauengruppe zur Abhilfe zu einem Zuni-Regentanz treffen würde, bei dem Federkostüme und Türkisschmuck eine wichtige Rolle spielen. In der Nacht wacht Beate von dem Geräusch von Regentropfen auf. Auch die nächsten Tage schüttet es ununterbrochen. Die beiden Schwestern hoffen von einer der staatlich eingesetzten Arche zur Evakuierung der Bevölkerung aufgenommen zu werden. Aber sie werden zurückgewiesen, da nur Paare akzeptiert werden.

Viola rettet sich auf die Yacht ihres Freundes, auf der nur zwei Personen Platz finden.

Beate ist jetzt allein im Haus, das Wasser steigt höher und höher. Da hört sie eines Tages, als sie eine weiße Fahne am Zaun hisst, ein leises Wimmern. Ein etwa neunjähriger Junge, hält sich in der reißenden Strömung an einem Pfahl fest. Sven ist der einzige Überlebende seiner Familie. Beate versucht, ein weiteres Mal mit ihm auf eine Arche zu gelangen. Diesmal werden sie von dem Kapitän Albert aufgenommen. Sven bekommt die Aufgabe, sich um die Vögel zu kümmern, die auf der Arche paarweise transportiert werden. Tagelang fahren sie ziellos durch das graue Wasser. Die Situation wird immer hoffnungsloser. Doch eines Tages ruft Albert voller Freude seine Gäste aufs Deck. Es hat aufgehört, zu regnen, und im grauen Himmel zeigt sich ein blaues Loch.

ChatGPT:

Die glühende Hitze hatte das Land fest im Griff. Die Sonne brannte unerbittlich vom Himmel, und die Erde riss unter der Trockenheit. Viola, mit ihrer lebendigen Fantasie und ihrem Glauben an alte Traditionen, erzählte ihrer Schwester Beate von einem Zuni-Regentanz, den ihre Frauengruppe veranstalten wollte, um die drückende Hitze zu lindern. Federkostüme und Türkisschmuck spielten eine zentrale Rolle in diesem Ritual.

In dieser brütenden Nacht wurde Beate durch das rhythmische Trommeln der Regentropfen geweckt. Sie ottnete die Augen und lauschte dem erlösenden Klang des Regens, der sich über das Land ergoss. Es regnete ununterbrochen, Tag für Tag. Anfangs war es ein Segen, doch bald wurde aus dem Segen eine Bedrohung.

Die Fluten stiegen unaufhaltsam an, und die Schwestern hofften auf Rettung durch eine der staatlich eingesetzten Archen zur Evakuierung. Aber ihre Hoffnung wurde zerstört, als ihnen mitgeteilt wurde, dass nur Paare aufgenommen werden konnten.

Viola, entschlossen zu überleben, rettete sich auf die Yacht ihres Freundes, die gerade genug Platz für zwei Personen bot. Beate blieb allein in ihrem Haus zurück, während das Wasser immer weiter stieg und die Straßen in reißende Ströme verwandelte.

Eines Tages, als Beate eine weiße Fahne am Zaun hisste, um Hilfe zu signalisieren, hörte sie ein leises Wimmern. Ein neunjähriger Junge namens Sven klammerte sich an einem Pfahl fest, der einzige Überlebende seiner Familie. Ohne zu zögern, versuchte Beate erneut, mit Sven auf eine Arche zu gelangen.

Diesmal wurden sie von dem Kapitän Albert aufgenommen. Sven erhielt die Aufgabe, sich um die Vögel zu kümmern, die paarweise auf der Arche transportiert wurden. Tagelang schipperten sie ziellos durch das graue Wasser, die Hoffnung schwand langsam dahin.

Doch eines Tages, als die Verzweiflung ihren Höhepunkt erreicht hatte, rief Albert voller Freude seine Gäste auf das Deck. Ein Wunder schien geschehen zu sein — es hatte aufgehört zu regnen, und inmitten des grauen Himmels zeigte sich ein blaues Loch.

Ein Gefühl der Hoffnung ergriff die Herzen der Menschen an Bord. Das graue Wasser begann sich zu beruhigen, und die Arche fand langsam ihren Kurs. Albert, Beate, Sven und die anderen Passagiere starrten fasziniert auf das blaue Loch am Himmel, ein Symbol für eine mögliche Wende im Schicksal.

Das blaue Loch wuchs, breitete sich aus und ließ Strahlen der Hoffnung auf die Menschen unter sich fallen. Es war, als ob die Natur selbst ein Zeichen der Rettung geschaffen hatte. Und während die Arche weiterfuhr, wagten die Menschen an Bord zu glauben, dass sie vielleicht doch ein sicheres Land erreichen würden, fernab von der zerstörerischen Flut, die ihr Leben verändert hatte.

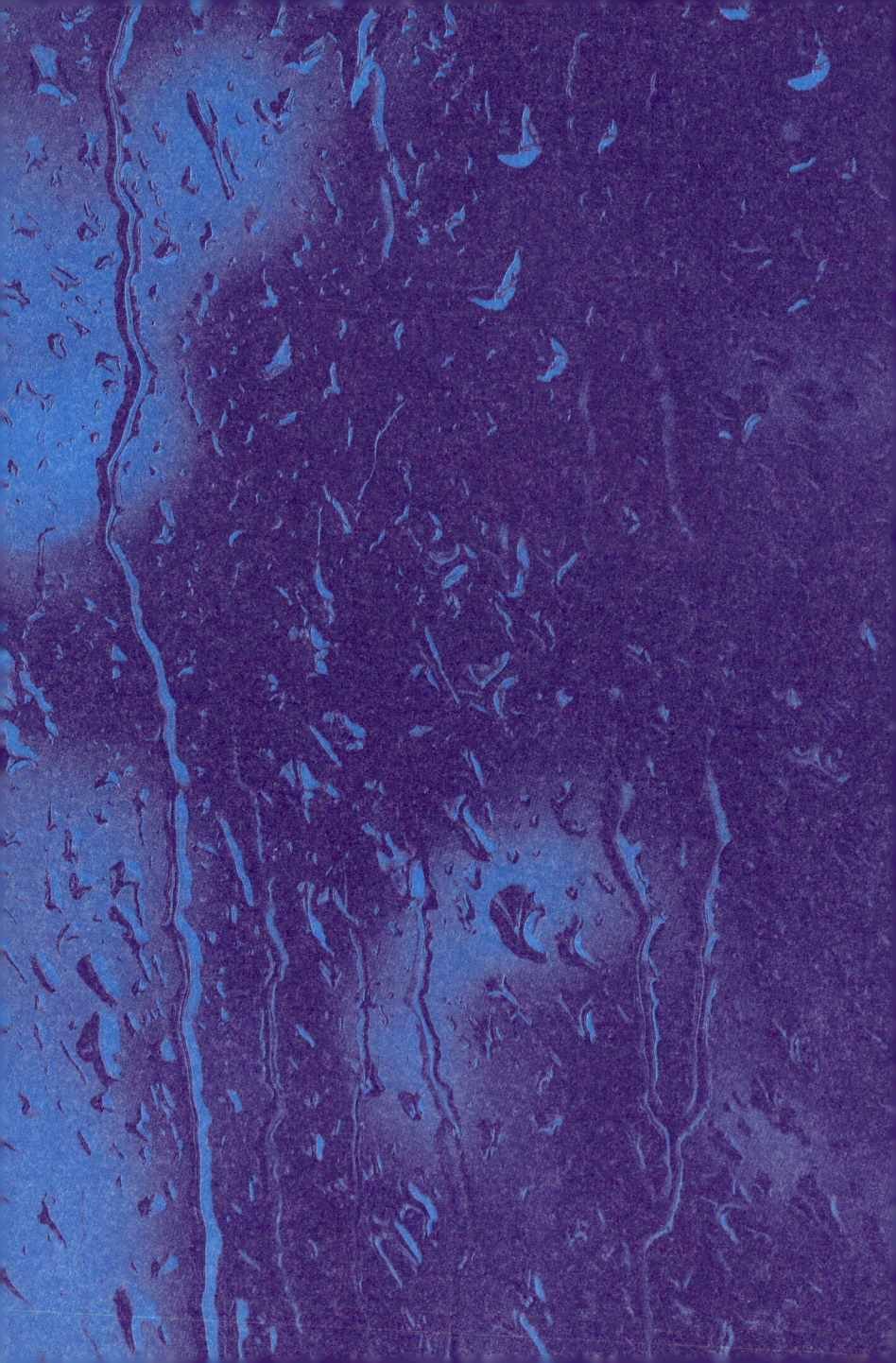

Paul M Waschkau

WEINE NICHT WENN DER REGEN FÄLLT -- damdam damdam
ES GIBT EINEN DER ZU DIR HÄLT -- damdam damdam
Drafi Deutscher / Schlager 1965 / Text: Günter Loose

ZUR FRAGE DES REGENS

0.
Regen kann schön sein sinnlich erfrischend.
Er kann trösten bezirzen Gelüste entfachen.
Als Quelle des Lebens eine Liebe beflügeln.
Landwirte beglücken Waldbrände löschen.
In Liedern Romanen in Filmen als Muse der
Künste auftreten. Regen kann zum Singen
Zum Tanzen anregen. In der Sehnsucht des
Wartens als Begleitung erscheinen. Sich als
Aggressiver Zerstörer kriegerisch bösartig
Als Todbringer zeigen und zu desaströsen
Verheerungen führen. Regen ist längst
Kein alleiniger Heilsbringer mehr.

1.
Nach dem Regen ist vieles vorbei.
Für viele ist es bereits
Mit dem Regen vorbei.
Nach dem Regen
Beginnt vieles neu.

Keiner weiß mehr wie es einmal war.
Wie es vor dem Regen aussah.
Es hat sich so vieles verändert.
Es ist so vieles verschwunden.
Der Regen war kein gewöhnlicher Regen.
Er kam als Bedrohung als Feind als Zerstörer.
Er hat Orte verschoben Wesen ihrer Wurzeln enthoben.
Der Regen war für viele kein Segen.

Niemand weiß nichts mehr niemand hat eine Ahnung.
Wie hat es begonnen wann hörte es auf.
Und wie kann es weitergehen wohin wo ist ein Weg.
Keiner weiß es keiner weiß mehr keiner weiß es genau.
Keiner kennt den richtigen Weg der Weg ist ungewiss weit.
Weit ist der Weg wirklich weit der Weg ist so weit.
Und Welle auf Welle zerbricht in der Zeit.

// WIR MÜSSEN DIE ROLLE DES REGENS NEU INTERPRETIEREN. //

2.
REGEN HAT KEIN GEWISSEN KEINE MORAL. Er kommt zudem nicht auf Bestellung. Zu Wunschkonzerten tritt er nicht auf. Er erfüllt keine Wünsche. Regen lässt sich nicht bitten. Vorschreiben ebenfalls nichts. Mag mit den Wellen aus Hitze in den Phasen der Dürre dem Ausbruch gewaltiger Brände das Verlangen nach Regen wie eine flehende Sehnsucht ganz unermesslich sein. Mag mensch bereit sein für Regen zu beten auf Knien zu kriechen. Den Regen kümmert es nicht. Bedürfnisse lassen ihn kalt. Er hat seinen eigenen Willen. Wo wie wann er vom Himmel zur Erde fällt entscheidet er selbst. Er ist da wenn er da ist. Oder eben auch nicht. Bändigen regulieren bestechen lässt er sich nicht. Regen kommt nicht auf Bestellung.

3.

WOZU REGEN IM STANDE IST wissen inzwischen selbst wir in Europa. Regen tritt zunehmend maßloser auf. Kommt er als Schauer schaudert es mich. Plötzlich wütet der Regen entfesselt als Kraft der Natur. Mit wuchtigen überfallartigen Güssen breitet Regen sich unkontrolliert wie eine Urgewalt aus. Koaliert mit den Wassern am Boden. Initiiert Katastrophen. Agiert kriegerisch vorsätzlich böse. Im sudelnden Rausch aggressiver Zerstörung bombardiert er friedliebende Wesen mit flutenden Strömen die zu Verheerungen führen. So rücksichtslos krass skrupellos dass die Verwüstungen auf Erden unermessliche sind. Mit Blick auf die Schäden fehlen einem die Worte. Er überschreitet jegliches Maß. Das ist nicht akzeptabel. WIR KÖNNEN SOLCH KATASTROPHEN WIRKLICH NICHT BRAUCHEN. Erlauben schon gar nicht. Die Maßlosigkeiten des Regens sind wirklich kein Spaß mehr. Sie sind unerträglich. Das muss endlich ein Ende haben. Er darf sich nicht länger nach Belieben als schnaubender Kraftprotz aufspielen. Starkregen Monsun oder prasselnder Dauerregen sollte verpönt sein als Belästigung friedlichen Lebens. Das muss selbst der Regen endlich kapieren. Es kann doch nicht sein dass einer da macht was er will. Rote Linien missachtet. Rote Linien vorsätzlich ignoriert. Grenzen verletzt. Das Fass ist randvoll. Der Planet ist verwirrt. Die Welt unsere Welt aus den Fugen. Warum greift der WeltNaturRat nicht ein? An Regeln haben sich letztlich alle zu halten. Auch der Regen. Hilft der sanfte Weg nicht bedarf es strenger Gesetze zur Regulierung auszuschüttender Mengen von Wasser. Mit ins Boot holen müsste man die Komplizen des Regens die Wolken. Sie auffordern überzeugen lenken alteingefahrene Handlungsabläufe zu überdenken. Einfach die Klappe am Himmel aufmachen und Massen von Wasser rauslassen – das geht so nicht mehr. Ist im Verteilungskreislauf für Wasser extrem ungerecht. Daran muss sich was ändern. Es ist längst an der Zeit. Es ist Zeit dass es Zeit wird.

4.
REGEN HAT JEGLICHEN ANSTAND VERLOREN. Er verspielt seinen letzten Kredit. Er hat sich nicht mehr im Griff. Wie können wir seinem Gehabe begegnen? Wir müssen gestehen – wir sind hilflos. Wir können tun was wir wollen. Wir haben seinen Maßlosigkeiten nichts entgegenzusetzen. Wutausbrüche Verzweiflungen leidvolles Unglück lassen ihn kalt. Er zuckt nicht mal mit der Schulter. Vermutlich leidet er an hypochondrischer Egomanie. Mit ihm zu verhandeln scheint zwecklos. Auf Abmachungen Verträge mit Verbindlichkeiten Bedingungen ließe er sich gar nicht erst ein. Argumente lässt er nicht gelten. Er handelt autark. Schlägt gnadenlos zu. Von oben herab ungefragt. Autoritär. Diktatorisch. Kompromisse Mäßigung Frieden sind als Wörter ihm fremd. Fremd die Form der Demokratie. Er ist ein Diktator. Weiblich in anderen Sprachen. Diktatorin. Eine Regnerin. Die Durchsichtigkeit ihres Wesens impliziert das Gefühl unantastbar erhaben unverletzlich zu sein. Ob als Mann oder Frau – sie machen zügellos weiter. Ultimaten zu setzen ist sinnlos vergeblich. Regen lässt sie verstreichen. Da können wir uns im Kreise drehen so oft wie wir wollen. Die Hände in die Lüfte strecken. Auf Wüstenfeldern Opern inszenieren. Im trockenen Flussbett den Regentanz tanzen. Ihm drohen mit Liebesentzug mit schweigendem Schmollen mit Strafen Verfolgung Verhaftung. Da lacht er sich tot. Vorwürfe Anklagen Klagen Forderungen nach bedingungsloser Kapitulation kümmern ihn nicht. Die richtet er spiegelverkehrt gegen uns. Gegen uns! Und schwebt schmunzelnd auf grollenden Wolken davon.

5.
Weißt du noch wie es war.
Wie es vor dem Regen in dieser Gegend aussah.
Weißt DU oder DU wie es hier einmal war.
Wie es hier oder da vor dem Regen aussah?
Auf welcher Seite standen einst die Telegraphenmasten

Wo führten die Landebahnen für die Jumbojets hin
Waren die Auffahrten zu den Überseehighways schon
Fertiggestellt stauten Staudämme die Massen von Wasser
Wurden die Kanäle weiterhin von Schiffen befahren
Welche Flüsse traten als reißende Ströme über die Ufer
Welche Wege wurden von den Feuerwehren zu den Bränden
In Wäldern welche von Flüchtenden vom Militär von der
Geheimpolizei von den staatlichen Organen benutzt
Und wer beobachtet uns wenn wir Aufrufe schreiben
Petitionen Pamphlete Klageschriften verfassen
Wenn wir schlafen und glauben wir seien allein?

6.

Regengelüste formieren sich gegen Regenverluste
Geister Phantome Gespenster sie tanzen im Regen
Wie grinsende TodesTanzTänzer sie schweben
Auf Oberflächen tosender Wasser spielen Kinder
Spiele mit mir blinde Kuh wickeln mich ein in
Stoffe betörender Blindheit machen sich lustig
Lachen im Gewirr chaotisch umhertreibender Dinge
Leichen und Leiber Schadenfreude mich aus klopfen
Sich jauchzend auf Schenkel ich erwache vom Lärm
In Stürmen vibrierender Zeiten ich schwitze ein
Wahnsinn die Hitze der Wahnsinn wird zunehmen.

7.

Und der Dichter in seiner Zelle in seinem Kerker
Ergriffen von den Geschehnissen des Schreckens
Fiebert weint hungert und lacht starrt gelassen
Erregt das Unwetter an sein Schlaf steht in Flammen
Er beklagt die Verheerung die Verwüstungen der Sinne

Er fürchtet den Verlust sinnlicher Lust notiert Hetzgesänge
Klagelieder die Empörung der Tiere Rachegelüste der Erde
Er pflegt Blumen und Schnee auf der Seide der See
Und erträumt sich ein spirituelles Gelage am Gestade
Mit orgiastischen Tänzen Musik Absinth und viel Wein
Nicht zu vergessen all die visionären Kommentare
Über den Regen das Wetter das Klima der Jahre.

8.
JAHRE SPÄTER. Nach den Ungeheuerlichkeiten vergangener Zeiten liege ich fern aller Kriege und Katastrophen in meiner Hängematte auf OROZAVA – einer Insel des Staatengefüges archipel23 im Schwarzen Meer. Um mich herum stromern Katzen schlabbern Milch. Am Strand spielen die Ureinwohner mit lachenden Kindern. Am Horizont schippern Fischerboote auf der Suche nach Beutefang für das Essen am Abend. Das Meer ist schwarz aber schön. Das Klima angenehm. Die Menschen glücklich. Mein Teddy ist auch da. Wenn wir mal Regen brauchen bestellen wir ihn und am nächsten Tag wird er geliefert. Dann tanzen wir von alten Liedern beflügelt im Regen. Das ist herrlich wie kitschig. Wunderbar. Niemand weint wenn der Regen fällt.

KOMMENTAR:

paul m waschkau sieht sich weder in einem Wettschreit mit der sog. KI des ChatGPT noch mit anderen Autor:innen. Allerdings muss er sie nicht mit den Geheimnissen seiner literarischen Kompositionen füttern, die sie nur noch „intelligenter" machen. Sie selbst verrät uns auch nichts über das Innenleben ihrer algorithmischen Prozesse.

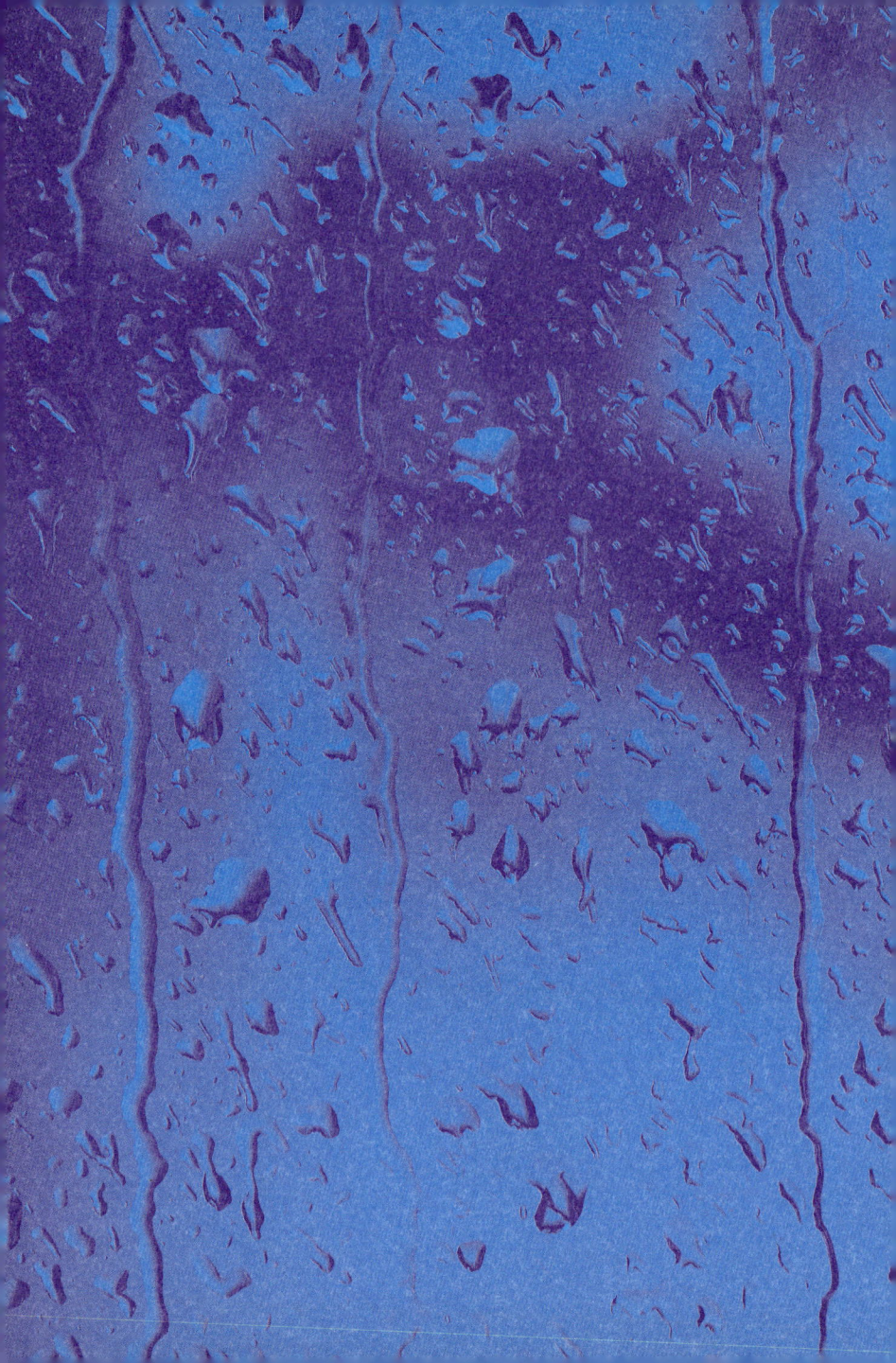

Ulrike Gramann

Wasser und Zorn

1
Nacht, Blitze in rascher Folge, das Geräusch
schwerer Füße, Donner, Scheppern von Blech
Wind, kurzes Schweigen, dann
Tropfen auf trockenem Blattwerk, ich höre jeden für sich, sie fallen
dicht, fallen schneller
In leerer Luft lösen die ersten sich auf überm Asphalt, aber jetzt
mündet das Tropfen in einen Ton aus Tausenden
Rausch!

Über den Straßenlaternen hingen flüssige Hauben aus gläsernem Wasser
eben
jetzt
hat das Wasser die Erde erreicht, sofort bilden sich
Pfützen, Tropfen springen
durch die Quartiere der Erinnerung
Siehst du die Männerchen hüpfen?, fragte die Nachbarin
Ich sah sie, sie hüpften im Wasser, bevor sie
im großen Ganzen vergingen. Glück durch Wetter

Das ist ein Moment, im nächsten strömt
in die Kanäle, was im übernächsten durch die Gullys nach oben
drängt, Dreck aus Kindersommern im Blitzlichtgewitter der Erinnerung
die auch diese Nacht nicht neu bewertet wird

2
Wind Wind
der übers Bahnhofsgelände streicht, man sieht ihn
im schäbigen Gesträuch und im Kleinholz. Zweige zittern
Der Wind geht über verlassene Industrieanlagen, Oberleitungssysteme
Beleuchtungskörper, Stahltrossenverspann
Draußen ist Halle, dort kaufte ich eine Schreibmaschine, das war einmal
Wind streicht seine Geige jetzt härter, übers Abteilfenster ziehen Hände
aus Regen, dicke Adern, offen und hautlos, platzen am Glasscheibenrand

Die Maschine schrieb schon nicht mehr, als ich sie gekauft hatte
Hundertfünfzig Mark der DDR, ich unterließ die Rückforderung
aus Schüchternheit, oder war ich es, die die Zahlung versäumte?
Wahrheit ohne Bedeutung, ich schreibe
auf einer besseren Maschine jetzt, es bleibt wahr, dass es
regnete im Moment des Erinnerns, da war
nicht nichts, dennoch Nirwana aus lauter Vergangenheit

3
Grüne Blitze am Morgen, unsere Rücken an der Wand
unterm Dachrand, zu schmal, er hielt den Regen nicht ab
Wir schauten auf das Gebirge, Pirin, irgendwo nah Griechenland
Die Luft schwamm, ein einziger Dunst, Haut auf Haut, Wasser sickerte
in jede Falte der Kleidung, das würde scheuern, später
Bunte Blitze, ihr Zickzack jetzt und für immer in diesem
einen
Schacht der Erinnerung, der den Wolkenbruch fängt
Mut ging jede Minute verloren. Niemand ging
über die Grenze. Alle wussten: Griechenland liefert aus

Das ist ein Gedanke von früher. Nicht weit von diesem Ort
meiner vollkommen privaten politischen Erleuchtung
durchqueren Menschen einen schnell fließenden Fluss. Man kann
dabei sterben, man selbst oder eines der Kinder, die sich an
kleine Gepäckstücke klammern
Lethe heißt der Fluss des Vergessens, aber wer
der je ein Land verließ, kann vergessen?

4

Ein nasser Sommer ist das, höre ich sagen
Geredet wird immer
Nass sind fünfundzwanzig Zentimeter Erdreich
In einem Meter und achtzig Zentimetern Tiefe herrscht
tödliche Trockenheit. Jahre müsste es regnen
Zeit, hätten wir Zeit, unser Leben zu ändern
vielleicht
könnten die Kinder etwas tun, die Kindeskinder
Enkelenkel
oder deren Kinder
vielleicht

Sie werden sich an uns erinnern
in der postapokalyptischen Wahrheit und jenseits der Zuversicht

Kennen Sie diesen Kindergedanken?
Wenn ich erst tot bin, dann dann werdet ihr sehen

Doch wir sind blind für den Regen. Wir gehen zum Grunde, und
das Grundwasser in seinen irdischen Tiefen spiegelt nichts
Auch der bewegte Spiegel des Meeres wirft unser Bild
nicht zurück, nur das Bewusstsein von Schuld
für den Fall, dass etwas in uns noch auf Empfang steht

In wärmerer Luft löst sich mehr Wasser, es
soll
sagen Experten
mehr Regen geben, demnächst, aber
niemand weiß, wo er niederschlägt, wann, in welcher Geschwindigkeit
welchen Mengen

Wir erfinden uns eine Vergangenheit, eine Zukunft den andern
Unbekannt bleibt, wann
in der Erinnerung
der
alles
hinweggreißende
Starkregen

eintrifft

Anmerkung:

U. G. betrachtet literarisches Schreiben als einen Prozess, der sich in einem menschlichen Organismus vollzieht, und zwar unter besonderer Beteiligung von Hirn, Hand und Herzschlag. Stattdessen einem technischen System Begriffe vorzugeben, damit es diese zu einem Text erweitert, hält sie für machbar, aber sinnlos, und lehnt es daher für ihr Schreiben ab.

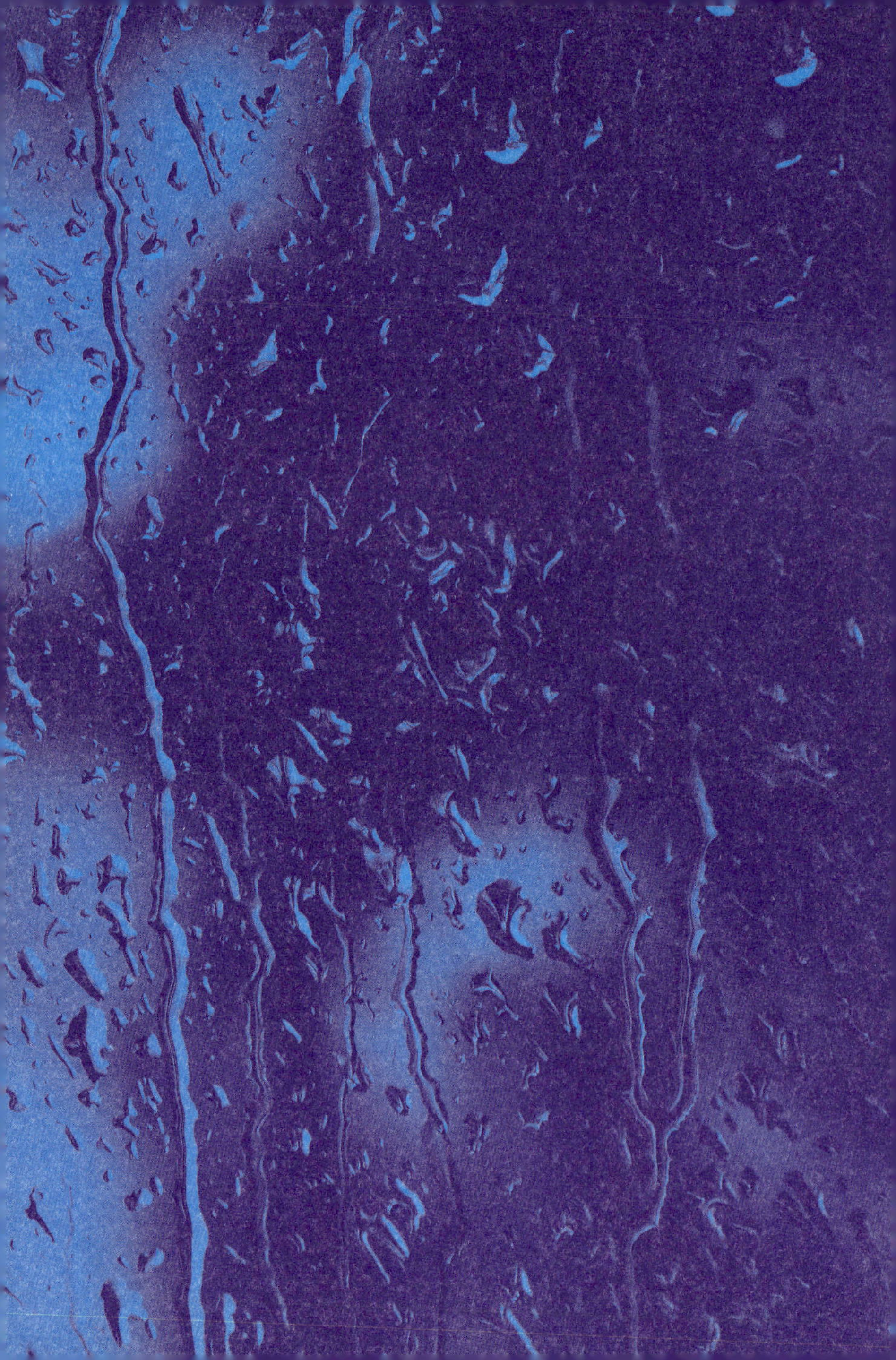

Andra Joeckle

Regentanz

> Es war mein Ehrgeiz,
> einen Text zu schreiben,
> den keine KI je generieren kann.
> Die tanzt
> zum Beispiel nicht
> seit über zwanzig Jahren Tango.

Es war mal, lau und blau, ein sommerlicher Abend. Da trafen sich Raria und Modolfo auf einer Tanzverunstaltung im Freien. Die Tanzfläche war von Klängen beleuchtet und aus Granit. Die Luft erfüllt. Raria und Modolfo hatten schon viele leidenschaftliche Tänze miteinander verbracht, aber an diesem Abend sollte etwas Besonderes passieren.

Da fielen die ersten Tropfen, und der Himmel begann sich langsam dunkel anzuziehen. Die meisten Tänzer suchten Schutz unter einem Dach, das über die Tanzfläche ragte. Raria und Modolfo aber waren so vertieft in ihren Zusammenhang, dass sie die Welt um sich herum vergaßen.

Der Regen wurde stärker. Die Tropen prasselten auf ihre Köpfe. Doch Raria und Modolfo tanzten weiter, als ob sie auf einem Stern wären. Der Tango bewegte sich im Einklang mit ihren Körpern, und die Musik bahnte in Planeten um sie rings.

Die Regentropfen verschmolzen mit ihrem Schweiß und schweißten die zwei zu eins. Der nasse Boden bremste ihre Drehungen, sodass sie keinesfalls mehr jene elegant wie auf Eis gleitenden Schritte vollführen konnten, die der Tango so liebt; aber das war ihnen völlig legal. Die beistehenden Tänzer und die zugezogenen Zuschauer konnten mit ihren Augen ja wohl kaum trauern. Sie waren bezaubert und gebannt von der Performanz der vom Regen so Ungerührten.

Die Musik modellierte Rara sinnvolle Kurven an – an ihren sonst etwas eckigen Leib. Auch an Modolfo wirkte sie gestalttätig, gab ihm die geschmeidigen Bewegungen eines raubenden Tiers. Raria und Modolfo bemerkten die Natur um sie her schon längst nicht mehr. Sie tanzten mitteilsam, freudgebig und übertragungsfähig. Nach und nach nahmen andere Paare genug Mut auf – und in die Beine –, um sich den beiden Nassen anzubinden.

Und so bewegten sich bald lauter Paare im Tanzgebinde im Kreise und verrührten ihre jeweiligen Tangofarben in einem einzigen großen Topf zu einer einzigen großen Gemeinschaftlichkeit – in die es hineinregnete. Die vereinigten Schritte und einigen Bewegungen der Tanzschaffenden sprühten vor Lust, Entlastung und verbrannten Kalorien. Ab und zu blieb eine Frau mit ihrem Absatz in einer Fuge zwischen den Granitplatten stecken, was den Rondaflow ins Stocken brachte, aber ein Huch, ein Ruck und weiter flosses.

Raria und Modolfo hatten zwar schon viele leidenschaftliche Tangos, aber noch keine leidenschaftlichen Betten miteinander verbracht. Deswegen war Raria unter ihrem Tube-Top nackt. Da sie ihre Augen geschlossen hielt, konnte ihr Blick nicht tief in den Modolfos tauchen, aber ihr Körper, der tat sich vertiefen in ihn.

Wie sie sich bei den Drehungen in die Kurve
in den Arm Modolfos legte, da konnte der Regen schon vor
Neid erblassen,
wie sie sich bei den Rotationen mit zentrifugaler Kraft in die
männliche Ellenbeuge schmiegte, da konnte der Regen schon
neidisch werden,
wie sie in den Wirbeln virtuos wirkte,
da konnte der Regen schon vor Neid ergrünen, wie sie sich …
da konnte … er … sie … sie … wie ↻ ↻ ↻
und so fort so rund.

Der Abend war schon weit davongelaufen, als Rarias und Modolfos kinästhetisches Bewegungsgeschehen seine Spitze erreichte, wobei der Regen besonders schlagend auf sie niederschauderte. Er prasselte und klatschte und platzte – mit seinen Tropfen auf den Boden. Die kleinen Wasserportionen hüpften auf dem Granit wie winzige Partygäste.

Und wie der Regen so trommelte, war's, als ob er das intrinsische Feuer in ihr und ihm zu schüren schien. Raria und Modolfo flammten angefacht, nichts mehr hielt sie in Schach. Es war, als hätten sie mit dem Regen die Essenz des Tangos in sich aufgezogen.

Als die Musik allmählich abbebte, blieb der Moment um Raria und Modolfo noch eine Weile eng in sich verschlungen auf der Tanzflechte stehen. Kleider klatschten – auf Häuten, Frisuren im Eimer, Ledersohlen auch hin; doch trotz des Schuhruins waren die beiden drunter und drüber glücklich. Sie hatten sich mit ihren tanzvollen Körpern völlig ausgegeben. Die Tropfen glitzerten auf ihren Antlitzen wie diamante Blitzchen. Diese Nacht würde Raria und Modolfo nie vergessen. Dem ungebildeten Wetter zum Trotz hatten sie sich von der grenzübertanzenden Macht des Tangos einen unvergesslichen Ausdruck entliehen.

Und so blieb die Verinnerung an diese Macht in der Herzensnacht und im Kopfestag aller beständig, die Zeugende dieses transformatorischen Tanzes im Nass geworden waren – als Erinnerung an eine Geschichte von Mut und Glut und Regenflut. In den Wochen nach ihrem Tanz im Regenguss und -genuss wurden Raria und Modolfo zu einer Legende in der Tango-Kommunität. Ihr Ruhm verbreitete sich wie rennendes Feuer. Festivals und veranstaltete Renommees auf der ganzen Welt luden sie ein. Auftritt folgte auf Auftritt. Die Geschichte von ihrem Tanz im Regen wurde zum Symbol für die Energie und Magie des Tangos, und des Regens, und des Lebens, und flößte weltweit Aspiration ein.

Raria und Modolfo dankten der Welt, die sich ihnen zu Füßen lagerte, und ergriffen alle Geldeinheiten, die sich ihnen boten, bei den Schöpfen. Sie tanzten von Stadt zu Stadt, Bühne zu Bühne, Parkett zu Parkett.

Ihr Erfolg wurde fett. Doch stieg er ihnen nicht zu Kopf, sondern blieb in den Füßen. Die traten weiterhin fest auf Granit, den Boden, der noch immer dunkel und feucht leuchtete, so lebhaft war ihnen die Erinnerung an ihren Regen im Vermächtnis geblieben. Nie vergaßen sie die Wurzeln ihres Erfolgs.

Als die Jahre weiterliefen und tanzen, entwickelten Raria und Modolfo eine Choreografie, die dem Regen einen Körper verlieh. Sie hatten gelernt, die Energie des Regens zu nützen, um ihren Bewegungen mehr Ausdruck einzuleiben und der Gesamtbevölkerung mehr Teilhabe an ihrer Magie zu erschaffen. Ihre Choreographie tauften sie auf den Namen „Tangopardy".

Als tanzendes Paar standen sie dermaßen im Erfolgsregen, dass sie auch als Lehrer wurden erbeten. Sie gründeten eine Tanzschule und ließen ihr Wir-wissen-Wie auf Scharen von begeisterten Schülerinnen und Schülern niedersegnen.

Die Fugen zwischen den Granitplatten der Tanzfläche im Freien – übrigens an der Spree im Berliner Regierungsbezirk am Paul-Löbe-Haus –, auf der Raria und Modolfo einst ihren Tanz im Guss vollführt hatten, wurden mit Gold ausgegossen.

Raria und Modolfo hörten nicht mehr auf zu regnen. Sie eroberten Bühne um Bühne und tanzten noch bis ins rohe Alter. Doch ihr Tango im Niederschlag blieb der Höhepunkt ihrer Tanzbahn: der Augenblick, der ihnen den Tango Wahro entdeckt hatte – das Vermögen, sich völlig aufzulösen, um zu verschmelzen zum Tanztier mit dem einen Kopf, den zwei Oberkörpern und vier Beinen, und von Regenmusik getanzt zu werden.

Und so lebten, tanzten und pflanzten Raria und Modolfo weiter ihre Leidenschaft in den Tango und inspirierten Generatoren von Tänzern, die Grenzen des Alltags und der Zwänge zu übertanzen und sich zu erfinden – im regen Tango.

User:

Schreibe mir eine Geschichte über Tango im Regen, der am Paul Löbe Haus in Berlin stattfindet und die individuelle Erfahrung einer Frau, die seit über 20 Jahren Tango tanzt, widerspiegelt.

ChatGPT:

Der Regen prasselte sanft auf die Kopfsteinpflasterstraßen von Berlin, als Elena sich entschloss, dem Tango im Freien eine Chance zu geben. Das Paul Löbe Haus ragte majestätisch im Hintergrund auf, und die Lichter der Stadt spiegelten sich im nassen Asphalt wider. Für eine erfahrene Tangotänzerin wie Elena war dies eine ungewöhnliche, aber reizvolle Kulisse.

Mit über 20 Jahren Tangoerfahrung war Elena keine Unbekannte in der Berliner Tangoszene. Sie hatte unzählige Nächte in verrauchten Clubs und eleganten Ballsälen verbracht, aber der Reiz des Tanzens im Freien, besonders im Regen, war für sie neu.

Die Musik begann, und die melancholischen Klänge des Bandoneons erfüllten die Luft. Elena schloss die Augen, ließ sich von der Musik leiten und betrat die improvisierte Tanzfläche vor dem Paul Löbe Haus. Die Regentropfen vermischten sich mit ihren Tränen, die unmerklich ihren Weg über ihre Wangen fanden. Der Tango war für sie nicht nur ein Tanz, sondern eine emotionale Reise, die sie mit jedem Schritt und jeder Drehung durchlebte.

Ihre Bewegungen waren anmutig und leidenschaftlich, und sie tanzte, als ob sie mit jedem Schritt Geschichten erzählen würde. Der Regen verstärkte das Gefühl der Intimität, als ob die Welt um sie herum verschwommen wäre und nur der Tango und der Moment zählten.

Ein paar Blicke neugieriger Passanten blieben an ihr haften. Einige blieben stehen, um dem faszinierenden Anblick dieser Frau im Regen zu folgen, die so meisterhaft den Tango beherrschte. Elena spürte die Blicke nicht; sie war vertieft in den Dialog mit ihrem Tanzpartner, den sie unsichtbar durch die Musik führte.

Inmitten des Tango im Regen fand Elena eine seltsame Freiheit. Die Tropfen auf ihrer Haut fühlten sich an wie die Berührung von unsichtbaren Händen, die sie durch den Tanz führten. Ihr Gesicht strahlte vor Glück und Leidenschaft, als ob die Jahre der Tanzpraxis in diesem Moment kulminierten.

Als die Musik langsam verklang, endete der Tango im Regen genauso plötzlich, wie er begonnen hatte. Elena stand da, durchnässt, aber erfüllt von einem Gefühl der Befriedigung. Die Zuschauer applaudierten respektvoll, und einige wagten sich, trotz des Regens, zu ihr, um ihre Bewunderung auszudrücken.

Die Nacht in Berlin war noch jung, und Elena spürte, dass dieser Tango im Regen nicht nur eine unvergessliche Erfahrung war, sondern auch eine Erinnerung daran, dass die Schönheit des Tangos überall zu finden ist, selbst vor dem majestätischen Hintergrund des Paul Löbe Hauses.

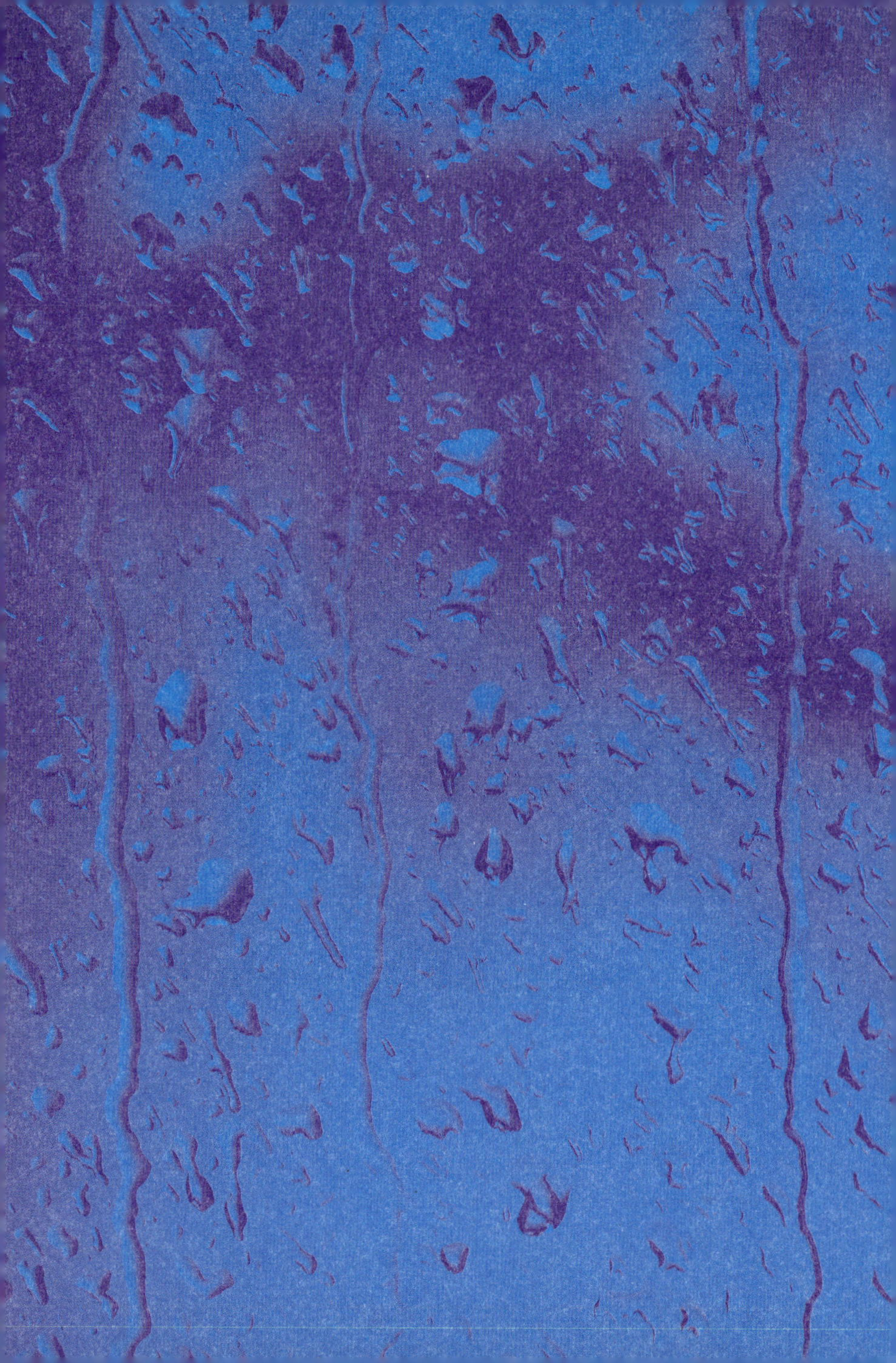

Jürgen Polinske

Sommergewitter

Scherben und Schrott auf dem Weg
Ich hab keine Traute
zum kindlichen Mut,
die Schuhe von mir zu werfen,
das Hemd vom Leib zu reißen,
es als Lasso zu schwingen, zu tanzen,
barfuß und johlend,
jede sich bildende Pfütze zu bespringen ...

Zwischen Blitz und Donner liegen Welten
der Wolkenbruch putzte meine Brille
Warm und sanft jetzt der Sommerregen
Scherben und Schrott auf dem Weg

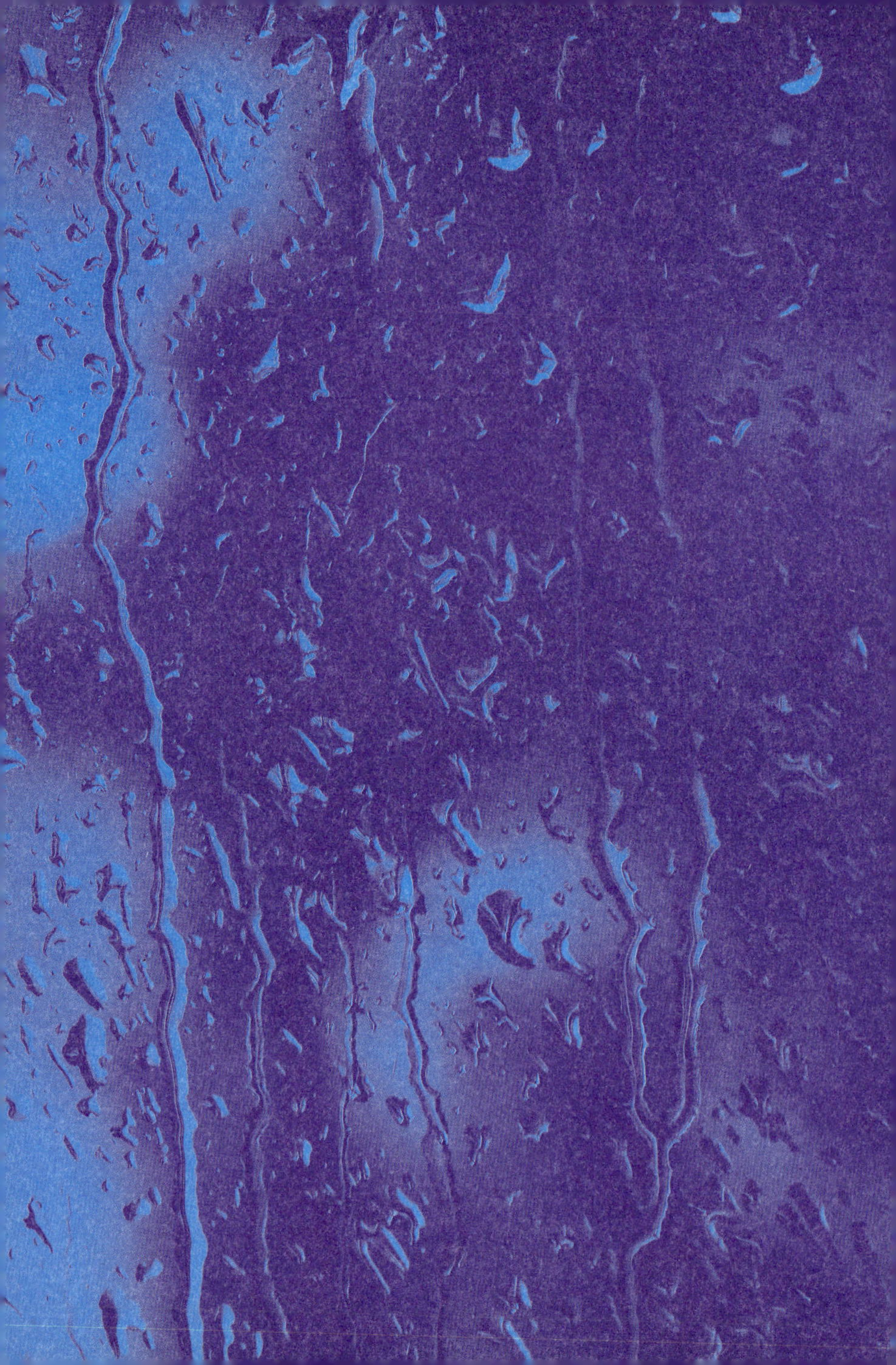

Cornelia Becker

Der Nachmittag, als wir uns liebten

am Mittag hatte ich die feinen Fäden der Federwolken beobachtet. Sie leuchteten weiß und seidig in dem makellosen blauen Himmel. Ich hatte mich gefragt, wie es zu dem angekündigten Sturm kommen sollte. Bei deiner Ankunft am späten Nachmittag war der Himmel schon bleigedunkelt. Schweiß auf deiner Stirn, schweigend öffneten wir die störenden Schnallen, Haken, Knöpfe an unserer Kleidung und dein Geruch – herb und unverwechselbar du – füllte den Raum. Unter deinen wildernden Augen wurde mein Körper schöner, lebendiger. Und so liebten wir uns, Freude an Berührungen, die uns erregten und neue Lust versprachen. Bei offenem Fenster, aufgekratzt und lachend, liebten wir uns. Bewegungen, in denen wir uns erneut entdeckten und wieder freigaben. Intensiver, fiebriger wurde dein Geruch und wetteiferte mit der schweren Süße des Sommertages. Ein sanfter Regen setzte ein, während wir ineinander fielen, uns auflösten und ich das Salz auf deiner Haut schmeckte. Als du erschöpft von mir abließest, hörte ich dem Regen zu, die Erde saugte jeden Tropfen und verströmte Duftkaskaden. Bitteres mischte sich mit sanften Aromen; dunkles Thaibasilikum, Lavendel und frischgemähtes Gras. Wir sprachen über Ereignisse, die wir in den vergangenen Wochen getrennt voneinander erlebt hatten. Die Stimmung heiter und leicht, obwohl es auch ernste Themen waren, die wir jedoch nur beiläufig streiften, denn in diesem Moment hatten die Sorgen ihre auffahrende Dominanz verloren

während mit dem einsetzenden Regen eine Windhose durch den Garten meiner Mutter stürmte – schwefelgelbe Luft verbreitend, wie von Gelbwurz gefärbte Wolkenberge mit schwarzen Ausrissen – und den alten

Kirschbaum entwurzelte, von dem meine Mutter vor Kurzem am Telefon noch gesagt hatte, dass er viele Blüten getragen hätte in diesem Jahr. Und nun löste der Sturm die unreifen Früchte, die gegen ihr Schlafzimmerfenster prasselten, grüne Hagelkörner, die die Zinkfensterbank verbeulten und Schmisse an den Wänden hinterließen. Spuren, von denen meine Mutter nach Monaten noch berichten sollte. Die Windhose war so gewaltig, als würde ein Güterzug durch ihr Haus rasen, sodass sie in die Küche flüchtete, dem Herzstück ihrer Wohnung, und sich dort vor den entfesselten Kräften verbarg

vor meinem geöffneten Fenster nahm der Regen zu. Ich legte dir meine Hand in den Nacken und sagte, dass du mich noch einmal lieben solltest, und wir gaben uns ein zweites Mal einander hin, ruhiger und sanfter diesmal, die Anstrengungen der letzten Wochen zeigten sich in einer leisen Müdigkeit, die dich weicher und nachgiebiger machte, was uns erlaubte, unseren Körpern, die einander kannten wie aus Vorzeiten, mehr zu vertrauen, sodass sie sich spielerischer als beim ersten Mal wiederfanden und trennten, tiefatmend wie der Boden unter dem Regen und seinem langsam zunehmendem Brausen, und ich erfüllt war von der Schwere der feuchten Erde

während mehr als fünfhundert Kilometer entfernt von uns, im Garten meiner Mutter und seinem Umkreis ein Tornado tobte, der den Kirschbaum mit sich nahm und das Dach der Pferdeställe, in der Nachbarschaft einen Pfahl herausriss, an dem mit einem Strick ein Sessel festgezurrt worden war, sowie er alles Gerät, was nicht gesichert war, umherschleuderte und zerquetschte, eine Tanne wie ein Streichholz über einem Zelt einknicken ließ und unter ihr vergrub, schließlich hinunter zum Fluss donnerte, und alles, was sich ihm in den Weg stellte, umlegte, als sei die Luft bis an die Zähne mit Äxten und Sägen bewaffnet wir liebten uns neben dem geöffneten Fenster im Regenrhythmus, in seinem ruhigen stetigen Rauschen. Frieden breitete sich in uns aus, als der Regen langsam abnahm, ruhiger wurde, bis es nur noch im Blattwerk tropfte, aber fortwährend duftete. Die grüne Wand vor dem Fenster atmete und dampfte, während du eine Zigarette rauchtest, tief inhaliertest, dein Kopf geleert, ich an dir schnupperte, unseren Geruch aufnahm und mir eine kleine Melodie einfiel, die ich summte, schließlich sich Worte dazu einstellten: „*... all that you can say, words don't come easily, like sorry, like sorry, but you can say Baby ...*"*, die dunklen Wolken sich schon wieder auflösten und weit über uns die ersten blauen Himmelsfetzen sichtbar wurden

während die Windhose das Grundstück meiner Mutter verlassen hatte, vorher jedoch den Garten umgewühlt, alle Terracotta-Töpfe zerschlagen, Blumen und Büsche begraben, die rot leuchtenden Geranien zerrupft hatte. In der Ferne sah sie ihn querfeldein davonstürmen, die schwefelgelbe Luft mit sich nehmend und in Bodennähe Blitze wie Konfetti verstreuend

dieser Nachmittag trennte uns, wir sahen uns nie wieder; oft dachte ich an unsere ausgelassenen Liebesspiele, an den Regen und die Aromen der nassen Erde, der vielzähligen Sommergewächse: Erdbeeren, Rosen, frischgemähtes Gras, den Duft des lilafarbenen Thaibasilikums, die starkriechenden Geranien vor meinem Fenster, und dass ich wie ein Hund an dir geschnuppert hatte, weil ich nicht genug bekommen konnte von *unserem* Geruch ... und an das kleine Lied, welches einfach aus mir heraus geperlt war, vielleicht weil ich für dich singen wollte, vielleicht weil ich dir meine Liebe anders nicht eingestehen konnte, weil ich zu schüchtern war oder weil ich schon ahnte, dass dies unser letztes Treffen sein würde und meine Angst vor der Zukunft nicht, noch nicht spüren wollte. Eine große, eine uns übersteigernde Energie, hielt uns zurück und machte ein weiteres Treffen unmöglich während der folgenden heißen Tage und nicht weniger heißen Nächte – die ohne unsere gegenseitigen Entdeckungen vorübergingen, jedoch voller Sehnsucht waren, weil der Süße des Sommers unsere Umarmungen fehlten, und den Stunden mein Gesang, wir jedoch unfähig waren, zueinanderzufinden –, reparierten die Bewohner im Dorf ihre Gärten, Straßen und Gebäude, fällten die abgeknickten Bäume, frästen Wurzeln aus, deckten Dächer neu und wechselten zerborstene Fenster

der Sommer blieb und ich tat so, als gäbe es kein Problem. Lebte weiter, bar jeder Erinnerung. Nur die Nächte waren schwer, schlaflos und stumm. Ich zog mich zurück, verstärkte die Mauern in mir und lauschte den Nachrichten, die von dem Sturm und den Aufräumarbeiten berichteten, räumte in mir auf, fragte mich manchmal, was an dem Nachmittag zwischen uns wohl passiert war, während ich härter arbeitete, andere Männer und Frauen traf, um mich abzulenken, mich zu befreien von unserer Liebe

Aber warum?

*Tracy Chapman

User:

Bitte schreibe eine Erzählung über das Treffen zweier Liebender (Frau und Mann) an einem Sommertag, die bei geöffnetem Fenster Liebe miteinander machen. Aus der Ich- und Wir-Perspektive erlebt. Während zeitgleich, doch 500 Kilometer entfernt, ein Tornado das Dorf, in dem die Mutter der Protagonistin lebt, heimsucht und eine große Zerstörung anrichtet. Etwas 6500 Zeichen mit Leerzeichen.

ChatGPT:

Es war ein warmer Sommertag, als wir uns trafen. Die Sonne strahlte am Himmel, ihre goldenen Strahlen durchdrangen das offene Fenster und warfen ein sanftes Licht auf unsere Haut. Ein leichter Sommerwind strich durch das Zimmer, brachte den Duft von frisch gemähtem Gras herein und ließ die Vorhänge tanzen.

Wir hatten uns lange nicht gesehen, und die Sehnsucht, die sich in unseren Herzen angesammelt hatte, war fast unerträglich geworden. Doch nun waren wir endlich vereint, in diesem Moment, der wie eine Ewigkeit der Erfüllung und des Verlangens schien.

Ich konnte seine Augen sehen, tief und leidenschaftlich, als er mich mit sanften Berührungen und zärtlichen Küssen umarmte. Unsere Liebe war eine Flamme, die in diesem Augenblick entfacht wurde und unseren Körpern Wärme und Leidenschaft verlieh. Unsere Blicke trafen sich und sprachen tausend Worte, die die Stille zwischen uns erfüllten.

Die Liebe, die wir teilten, war wie ein Tanz der Seelen, jede Bewegung, jeder Atemzug brachte uns näher zusammen. Ich fühlte seine Hände auf meiner Haut, jede Berührung elektrisierte mich, ließ mein

Herz schneller schlagen. Es war, als würden wir uns in diesem Moment in einem Universum befinden, das nur für uns beide geschaffen worden war.

Doch während wir in unserer eigenen Welt der Liebe und Leidenschaft versunken waren, tobte 500 Kilometer entfernt ein Tornado durch das Dorf, in dem meine Mutter lebte. Eine Naturgewalt, die ohne Vorwarnung alles verwüstete, Häuser zerstörte und die friedliche Idylle in Chaos und Zerstörung verwandelte.

Uns war die ferne Gefahr nicht bewusst, als wir uns so nahe waren, die Liebe zwischen uns in ihrer vollen Blüte erlebten. Aber das Schicksal hatte andere Pläne. Während wir in Ekstase vereint waren, kämpfte meine Mutter gegen die rücksichtslose Gewalt der Natur.

Es war ein Moment der Ironie des Lebens – während unsere Liebe aufblühte, wurde anderswo eine Welt zerstört. Ein unsichtbares Band schien zwischen uns zu liegen, das uns in diesem Moment der Hingabe und des Glücks mit der Tragödie verband, die sich fernab unserer Vorstellungskraft abspielte.

Als wir endlich zur Ruhe kamen und uns in den Armen hielten, durchströmte uns eine unerklärliche Melancholie. Ein seltsames Gefühl der Unruhe und des Unbehagens machte sich in unseren Herzen breit, als würden wir spüren, dass etwas nicht stimmte. Ein Anflug von Sorge legte sich über unsere Glückseligkeit.

Es war erst, als wir später die Nachrichten einschalteten, dass wir von der Katastrophe erfuhren. Das Dorf meiner Mutter war von einem Tornado heimgesucht worden, Häuser waren zerstört, die Straßen lagen in Trümmern. Mein Herz schlug schneller, als ich erkannte, wie nah das Unglück meiner eigenen Familie gekommen war.

Die Liebe, die wir miteinander teilten, war in diesem Moment von einem Schleier der Besorgnis umhüllt. Trotz der räumlichen Trennung und der Entfernung von 500 Kilometern spürten wir die Verbindung zu meiner Mutter, zu dem Ort, der von der Naturkatastrophe heimgesucht worden war.

Unsere Liebe war stark, aber die Macht der Natur erwies sich als unerbittlich. Es war eine Erinnerung daran, dass das Leben voller unerwarteter Wendungen und Prüfungen ist, die uns daran erinnern, wie zerbrechlich und kostbar unsere Existenz ist.

So saßen wir da, in Gedanken und Gebeten bei denjenigen, die durch die Naturgewalt gelitten hatten, und waren zugleich dankbar für die Liebe, die uns vereinte und uns in dieser ungewissen Welt Trost und Stärke gab.

This content may violate our content policy. If you believe this to be in error, please submit your feedback — your input will aid our research in this area.

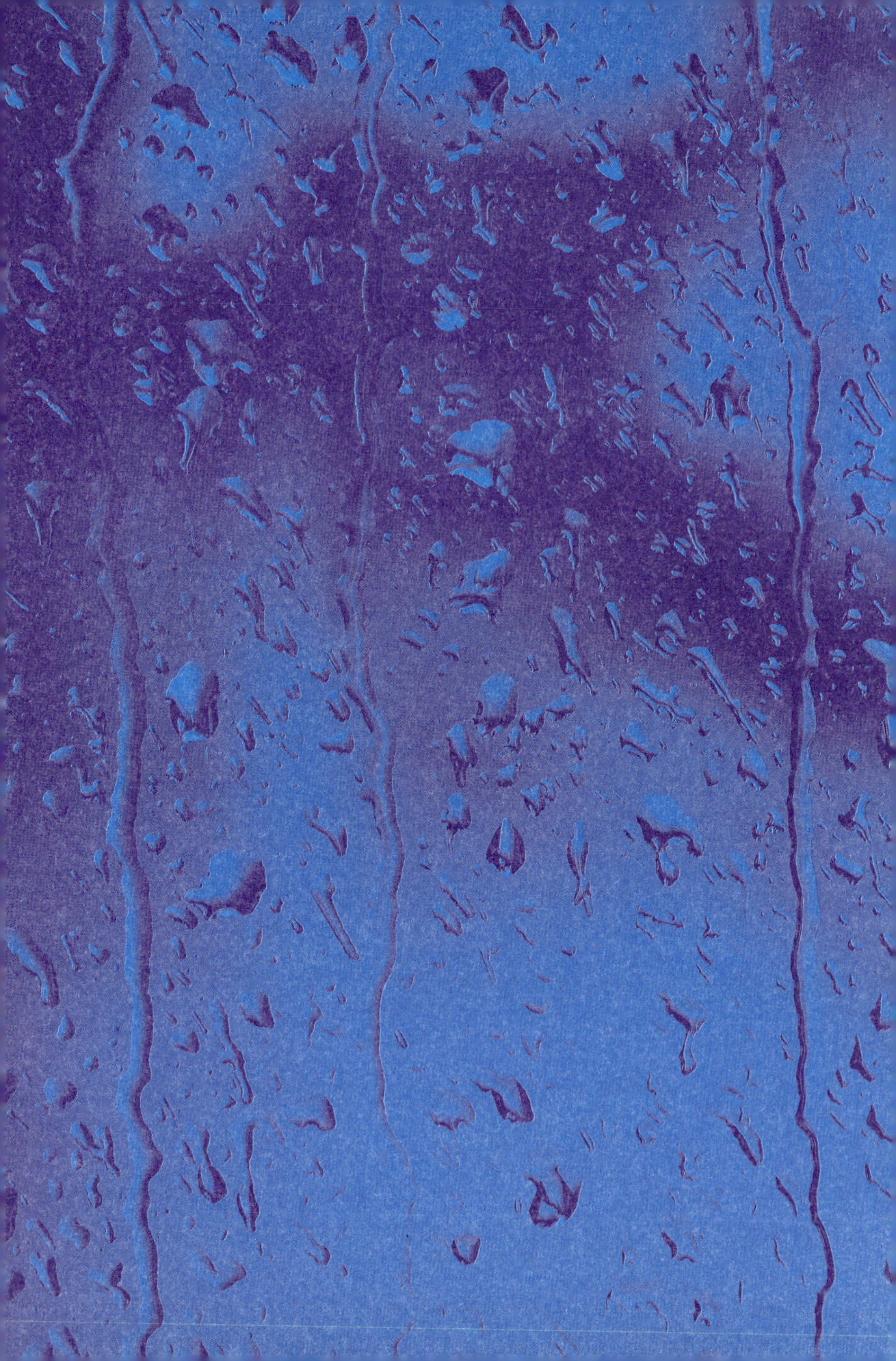

Bernd Kebelmann

Regenfronten

1. Nach dem Sturm, dem täglichen Temperatursturz strahlt die Atmosphäre in einem eiskalten Blau; eine glasklare Himmelsschale, eine ptolemäische Welt. Fluglotse Neo sitzt im Bunker vor seiner Monitorwand. Zwischen zwei Lotsendiensten studiert er den Satellitenfilm, das Wetter vor zwölf Stunden. Er sieht die Erde in der Totale, hellblau vor schwarz, eine schimmernde Kugel. Eben glänzt sie im Sonnenlicht, schon hüllt sie sich in graue Schlieren und Bänder. Milchweiße Wirbel drehen sich, tanzen, als ob ein Kind den Planeten wie einen Kreisel in Schwung hält, dass er zwischen den Sternen rotiert. Der Lotse sieht die Wolken sich ballen, die Farben der Landschaft zerfließen. Zoom; und Neo entdeckt, wie im Sonnenlicht etwas Grünliches aufwächst, Sand aufwirbelt und es zudeckt, wie weißgraue Felsen sich zeigen, die gleißende Sonne sie brennt. Er zoomt auf ein Kalksteingebirge, finstere Höhlen, ein Grabental, Reste von Vegetation. Sein Blick gleitet über die Haldenfläche, ein Tisch wie für Riesen gemacht. Daneben gähnt ein langgestrecktes, schattenfinsteres Bergbauloch. Neo holt es heran. Winzige Gleise und Loren, Lokomotiven wie Spielzeug, rostige Maschinen füllen den schlammigen Grund; der Tagebau mitten in Kalkdorf, verlassen wie der Ort selbst.

2. Neos Flugplatz liegt südlich des Kalkgebirges. Heute wird wohl niemand mehr landen, keine Techniker, keine Touristen. Die Bauflotte fliegt erst Morgen wieder, Frachtflieger mit Stahlträgern, Bauholz, Zement zum Ausbau der weißen Klinik. Neo beschleunigt den Film: Schwarze, hohe Zyklone wirbeln über Europa. Ein Temperatursturz verstärkt den Sturm; er entwickelt sich zum Orkan. Sintflutartige Regenfronten überschütten die karge Landschaft, bis ohne jeden Übergang die Sonne wieder brennt, knietiefen Schlamm in Staub verwandelt ... Im Vierundzwanzig-Stunden-Rhythmus immer gleiche phantastische Bilder, Neo könnte die Uhr danach stellen. Solange sich Sturm- und Regenfronten an diesen Stundenplan halten, kann er den Flugverkehr sichern.

Neo gähnt, sein Bildschirm bleibt leer; bald hat er Feierabend. Er blickt durch ein sturmgesichertes Fenster. Gegen Abend schimmert die Landschaft in irisierenden Farben. Der atmosphärische Staub bricht das Sonnenlicht wie ein Prisma. Als Flugleitzentrale und Sturmwarndienst ist er zuständig für die weiße Klinik, für Kraftwerk und Hotel mit Abenteuertouristen. In der Großstadt leben sie längst, wegen der Regenstürme mehr unter als über der Erde. Wer Mut hat, sucht alternativ in den Bergen aktive Erholung. Falls es schlimm kommt, muss Leo Personen orten, der Rettungszentrale melden. Er zoomt sich heran, lässt Gesichter erkennen. Sollte sich jemand aber dort draußen zu weit verirren ... wenn der Sturm kommt, ist es zu spät. Bisher werden die meisten gerettet.

3. In den wenigen Ökozonen, erzählen die Piloten abends in der Hotelbar, geht es manchmal noch schlimmer zu. Dennoch wünscht er sich, in die Sondergebiete dienstverpflichtet zu werden. Ohne Familie kein Zuzug! Hier findet er keine Frau. Die Klinik beschäftigt zwar zahlreiche Schwestern, aber auch sie dürfen nicht sagen, was für eine Klinik das ist. Allerdings hatte er Glück, die Ärztin Sana mag ihn; heute trifft er sie in der Bar.

Nach kurzer Übergabe läuft Neo durchs Gelände, am Sonnenkraftwerk vorbei, wo Kollektorflächen aus den Betonwänden ragen. Vor jedem Sturm senkt man sie ab. Unter Stahlblechen warten Solarmodule, dass wieder die Sonne scheint. Neo springt über Kalksteinplatten, meidet die schlammigen Stellen. Es zieht ihn zum Flirt mit Sana.

4. Oskar ist steif von der Morgenkälte. Flüchtige Schatten beherrschen die Luft, grelles, kaum hörbares Fledermaussirren schmerzt in Oskars Ohren. Früh am Morgen hängen sich Tausende Tiere in Stollen und

Gängen an einen Felsen, verhaken sich kopfüber mit ihren Krallen an Rissen und Graten. Die Flughäute eng an den Körper gepresst besetzt die Kolonie jede Höhle. Bis zum Abend schlafen die Tiere. Nachts jagen die Flatterer in den Tälern, wo es Reste von Vegetation gibt, Insekten; Tausende werden satt. Sie kommen gegen Morgen zurück, von wütenden Wirbeln getrieben. Die Zyklone sind schnell verschwunden, das Unwetter flieht vor sich selbst. Die Sonne entzündet ihr Feuer, der Schlamm verwandelt sich wieder in Kalkstaub.

Wenn die Tiere kommen, schiebt Oskar sich vor zum Höhleneingang. Seine Kehle brennt. Er schlürft Regenwasser aus einer Mulde. Er erhebt sich, streckt sich und lauscht. Solange kein Flugzeug fliegt, ist es still. Nichts erinnert jedoch an den Atem einer lebendigen Landschaft. Auch das Sirren der Flatterer hat sich beruhigt. Sie dulden Oskars Gegenwart. Nur wenn Touristen nahekommen, werden sie gereizt, fliegen Oskar in die Haare, krallen sich an seinen Bart, beißen ihm in die Kopfhaut. Trotzdem machen sie ihm keine Angst. Sie trinken immer nur Blut, wenn sie der Hunger plagt.

5. Seitdem Oskar den Ärzten der Klinik entkam, der Warteschleife entging, hält er sich nur in der Nähe der Kalksteinhöhlen auf; hier werden sie ihn nicht suchen. Diese Gegend meiden die Leute, die etwas von Kalkdorf wissen. Hierher kommen nur Touristen. Oskar bewegt sich steif und langsam auf den Terrassen abwärts, vor den Eingang der größten Höhle; hier beginnt die Nachtwanderroute.

Als Erstes öffnet er seinen Kiosk. Im bunten Blechhäuschen hält er Getränke, Snacks und Ansichtskarten bereit. Aus der Ferne, im Hubschrauber nähert sich die erste Touristengruppe. Unruhig sieht Oskar sich um ... Im Höhleneingang entdeckt er Eckart, hinter ihm noch zwei Männer. Sein Freund führt jeden Morgen den Suchtrupp aus dem Gebirge. Oskar stellt Flaschen ARAD zurecht. Schnaps können sie jetzt gebrauchen. In lehmverschmierten Gummianzügen treten sie auf ihn zu.

Oskar gießt eilig ein. Eckart nickt und alle drei trinken. Sie nehmen ihre Schutzhelme ab, ziehen die Gummihandschuhe aus, lassen sie achtlos fallen. Ihre Wurstfinger, noch halb eingerollt, liegen gekrümmt auf dem Boden, als zuckten sie bei der Berührung mit den kalten Körpern.

Touristen laufen vorbei. Eckart sieht einer Gruppe nach, die in die Höhle tritt. Wie fit die jungen Männer am frühen Morgen sind; sie überschätzen sich. Er stöhnt: schon wieder zwei heute Nacht; diese Arbeit nervt!

6. Eckart blickt Oskar ruhig aus tiefbraunen Augen an: Gib uns noch eine Flasche! Oskar knurrt: Du bist noch gieriger als der Fluglotse Neo. Aber er gießt ein. Der Junge lacht: Wenn du den Schnaps verweigerst, schicken wir dich in die Klinik zurück, auf die Warteschleife; in deinem Alter, viel Spaß! Eckart meint es nicht ernst, er versorgt den Alten mit Essen. Ihr gemeinsames Schicksal sind Stürme, Sturzregen, Schlamm ... Keiner der Männer, die da im Kreis stehen, kommt noch in eine Ökozone.

7. Die Nacht mit Sana war kurz. Neo hat dienstfrei, er bringt sie zum Flugplatz. Der Regensturm ist erst ein paar Minuten vorbei, doch die Sonne brennt bereits wieder ...

Vier Wochen, flüstert Sana und gibt ihm einen Kuss.

Er hält sie fest: Warum, knurrt er heiser, dürfen wir Afrikaner nicht mehr nach Afrika?

Weil wir jetzt für uns dort Ökozonen bauen ... Genügt euch Europa nicht mehr?

Neo knurrt: Weißt du nicht, wie die Gegend nördlich der Alpen genannt wird? Neu-Ägypten, *Tell el* München, *Tell el* Berlin; Hamburg säuft gerade ab.

Sana nickt: Hast ja recht; wir haben Europa verkommen lassen, Industriebetriebe, Atomkraftwerke; keiner hat den Atommüll entsorgt! Der andere Müll kam zu euch. Heute ist dort alles sauber. Wir wollen ja selber hin.

Neo sieht sich um: Du meinst, In dieser Steppe kommen nur Afrikaner zurecht? Und wenn ich versuche, zu dir zu kommen?

Sana schüttelt den Kopf: In der Sahara ist Schluss! Die Stromfabriken, der neue Urwald; er soll das Klima südlich davon feuchter und kühler machen. Aber wenn ich zurück bin, Neo, nehme ich dich in die Klinik auf! Du bist qualifiziert, jung und gesund; und falls du gute Gene besitzt; ich muss los, zum Nairobi-Flieger, bis bald!

8. In der Ökozone ist Regenzeit, aber im Radar kein Wolkenecho zu finden. Sana liest die Headlines: Außengrenzen erfolgreich verteidigt, Belagerer ausgeschaltet. In der Sahara streiken schon wieder die organisierten Sonnenkraftwerker!

Beim nächsten Beitrag denkt sie an Neo: Die Wirbelstürme im Norden ändern ihren Rhythmus, die Zyklone nehmen an Stärke zu. Die Weltregierung rechnet pro Woche mit Tausenden weiteren Opfern; macht die Klimaforschung noch Sinn? Sana nickt entschlossen. Aber sie fliegt diesmal früher zurück, will Neo überraschen ...

Neo hat die Frachtmaschine planmäßig auf seinem Schirm. Doch als das Flugzeug zur Landung ansetzt, nähert sich eine Wetterfront, ein verfrühter Zyklon mit Tempo zweihundertfünfzig!

Die Atmosphäre ist vor dem Sturm statisch aufgeladen. Also bekommt der Fluglotse keinen Funkkontakt mehr zum Piloten, keine Möglichkeit, ihn zu warnen, die Landung abzubrechen ...

Der erste Sturmwirbel trifft das Flugzeug, wirft es aus der Bahn. Sturzregen macht das Cockpit blind. Und bevor der Pilot in der Kanzel die Flughöhe ablesen kann, ist die schwere Maschine zerschellt.

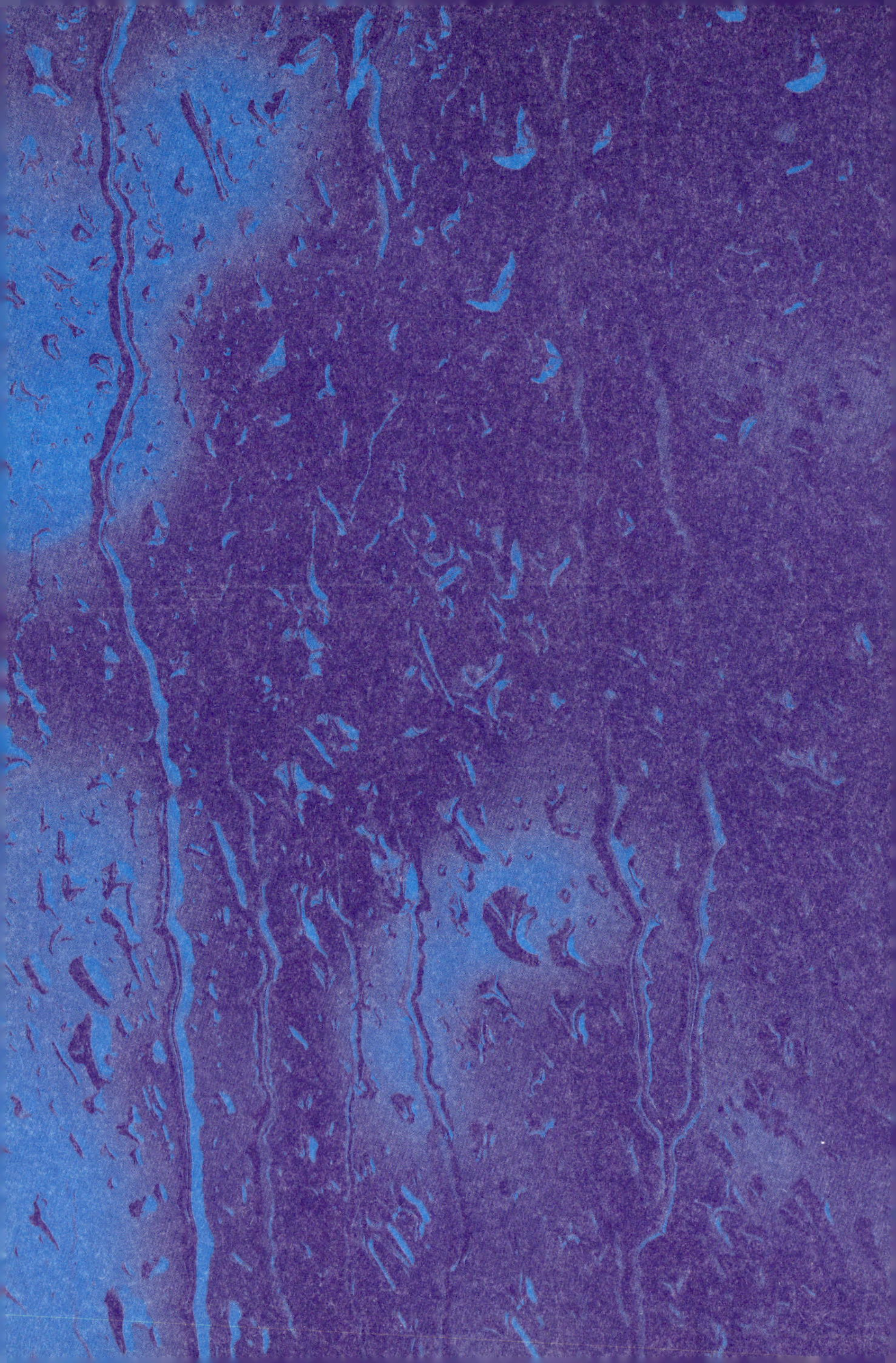

Sarah Covak

Der Gedankenverwurf VII

Der Mensch wird sesshaft
vor 10 – 12.000 Jahren
legt Wälder an, baut Häuser
besitzt Felder,
besitzt andere Menschen
züchtet Vieh;
nun sind wir so viele wie noch nie.

Der Mensch ist zivilisiert
lässt Bäume wachsen zu Papier,
hat sogar ein Müllsystem
das sollten wir verstehn:

Was du nicht brauchst, wirf einfach weg
Papier zu Papier
Glas zu Glas
Ordnung macht Spaß;
dass alles einst ein Rohstoff war
ist längst nicht mehr vorstellbar.

Der Mensch ist industrialisiert
vergräbt, deponiert, verbrennt
seinen Dreck –
und es wird wärmer
die Erde um einige Arten ärmer.

Der Mensch transzendiert
ist nicht an Recycling interessiert
Metall zu Metall
Plastik zu Plastik
in die gelbe Tonne
später dann im Meer
treibt der Plastikstrudel
sein Unwesen
doch wir sind's nicht gewesen.

Der Mensch ist zivilisiert:
nach dem großen Fressen
besteht er den Test
sortiert zu Hause fein säuberlich
die Überreste von gestern
die Reste des letzten Rests
die Reste von Übermorgen
Bio zu Bio
Wasser zu Wasser

und nicht viel Zeit bleibt unter der Sonne
mehr Reisen, mehr Konsum, mehr Wohlstand
kennt keine natürlichen Grenzen
kennt nicht den Sinn des Lebens,
des Universums und des ganzen Rests

denkt nicht dran, wirft's einfach weg
aus den Augen, aus dem Sinn
Makroplastik zu Mikroplastik
vom Winde verweht
über dem Meer, über die Berge über die Hügel
in die Täler und überall

wird es heißer
die Wälder atmen leiser

Doch der Mensch fühlt nicht, was die Welt fühlt
zerstört munter Lebensräume
versteht zu spät:
das System ist das Problem
immer mehr geht nicht mehr
(Kriege, Dürren, Fluten, Hunger)
dann die Apokalypse, die Erde
vom Feuer verzehrt:

Asche zu Asche
Staub zu Staub

Doch unter der heißen Sonne
treibt im wilden Dschungel
bei saurem Regen
ein kleiner Keim
friedlich zu neuem Leben:
Ein Baum wächst,
diesmal nicht zu Papier –

Der Mensch war zivilisiert.

User:

Schreibe ein Gedicht mit dem Titel „Der Gedankenverwurf VII" in philosophischer Tonart, das sich an einigen Stellen reimt. Es soll die Geschichte der menschlichen Zivilisation, insbesondere ihrer destruktiven Ressourcennutzung, aus der Perspektive der Müllproblematik thematisieren. Außerdem soll das Gedicht wiederkehrende Abwandlungen von David Bowies Zeilen „Ashes to ashes, dust to dust" auf Deutsch für verschiedene entsorgte Materialtypen enthalten. Das Gedicht soll mit Titel in etwa 1786 Zeichen und 85 Zeilen lang sein.

ChatGPT:

In alter Zeit, wo Mensch und Welt im Einklang schienen,
Entstand das Dasein, voller Träume, schön und reinen.
Ein Himmelsglanz umhüllte dann die Erde gar fein,
Doch wandelte sich dies im Laufe der Zeiten, ganz allein.

Aus Wäldern und Fluren, Schönheit so voller Pracht,
Ward geschaffen emsig, mit unbedachter Macht,
Die Stadt, die Straßen, die Türme empor sich reckten,
Doch hinterließen sie auch Spuren, die das Leben bedeckten.

Die Weisheit schien verloren, der Gier ergeben,
Gefangen im Rausch nach stetigem Streben.
Konsum und Profit, die Welt sie umwarben,
Die Ressourcen verschwendet, als ob sie ewig darben.

„Von Asche zu Asche, Staub zu Staub,"
Sprach mancher, als die Erde sich im Müllberg glaubt.
Aus Plastik entstand ein Lied der Verwesung,
Nichts als Worte, die die Kluft vertiefen ohne Erwesung.

Das Plastik, einst formvollendet, heut' zerfallen,
Zu Mikroplastik, um die Welt zu umkrallen.
Aus Edelstahl, einst stark und kühn geschmiedet,
Wird Rost und Rost, bis die Substanz entschwindet.

„Von Schrott zu Schrott, Rost zu Rost,"
Spricht die Zeit, wenn der Metallhaufen entghost.
Die Erde weint, wenn sie den Schutt sich bückt,
Nichts als Vergänglichkeit, die ihr Gesicht verdrückt.

Der Schmutz der Industrie, der die Luft erstickt,
Bald wandert er zu Erde, die er schändlich zerknickt.
„Von Rauch zu Rauch, Staub zu Staub,"
Klingt es, wenn der Qualm die Schöpfung raubt.

Doch zwischen diesen Trümmern, dieser endlosen Not,
Wächst langsam wieder das Verständnis, das einst bot
Die Hoffnung auf Rettung, auf ein neues Sein,
Mit Wissen, Achtsamkeit und Harmonie als festem Verein.

Mögen die Worte erinnern, die Welt zu hegen,
Nicht zu vergessen, dass alles Leben zählt gegen das Regen.
Von Liebe zu Liebe, Frieden zu Frieden,
Möge die Erde sich erheben, neues Leben hienieden.

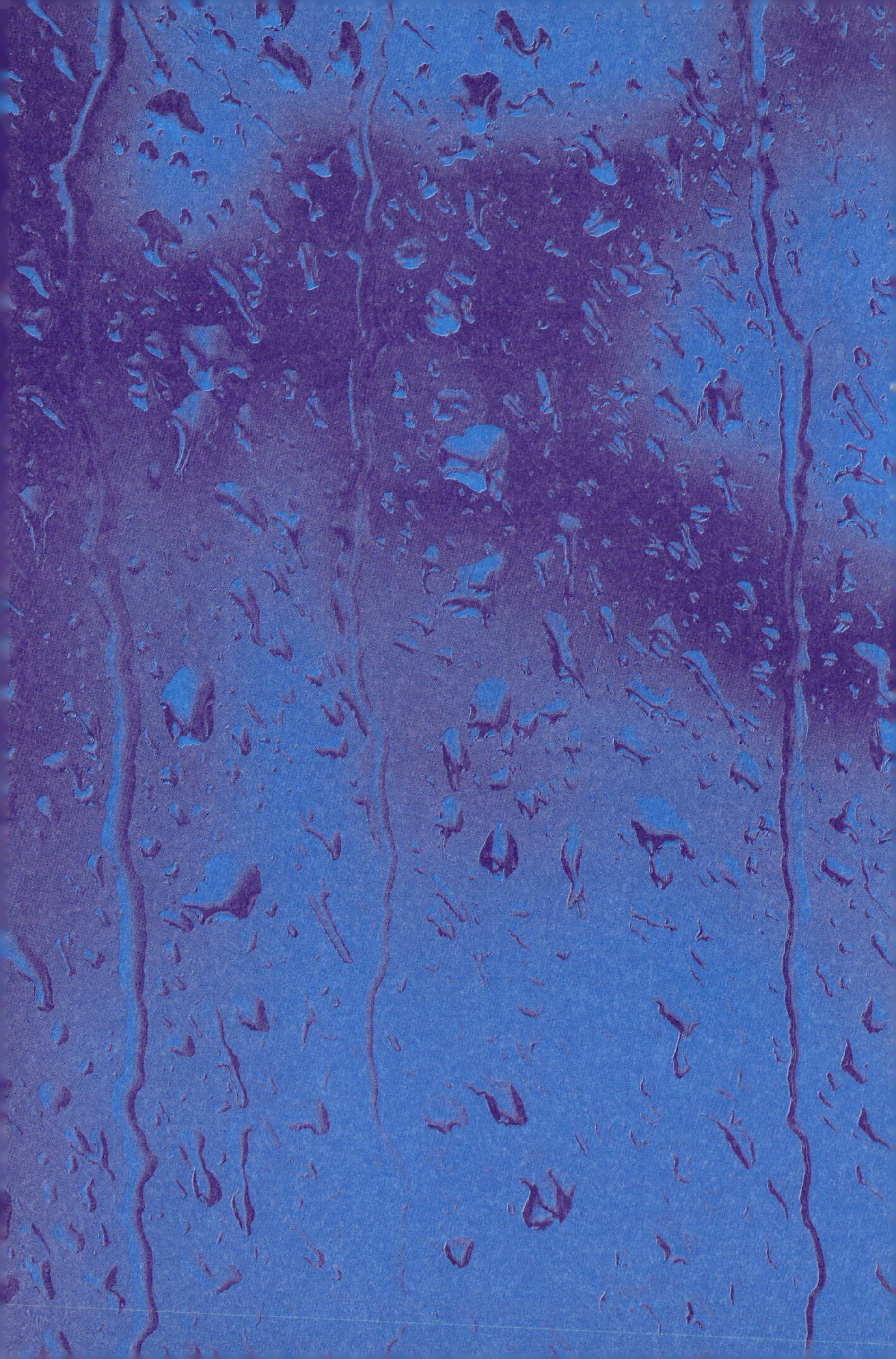

Waltraud Schade

Auf der Suche nach dem Regen

Ich war mal wieder mit mir selbst beschäftigt, fand aber trotzdem noch Zeit, einen Blick aus dem Fenster zu werfen – und erschrak.

Der Baum – er ließ seine Blätter hängen. Ein jammervolles Bild. Lag es an dem Verlust seines Bruders oder war es seine Schwester, die eines Morgens zuerst ihre vielen Äste und danach ihren Stamm bis auf einen Stumpf verloren hatte? Baumarbeiter waren am Werk gewesen. Jedenfalls hatte der verbliebene Baum stets verhärmt gewirkt. Also ob die beiden in permanentem Streit lägen, bei dem er sich unterlegen fühlte und jetzt vielleicht um den Verlorenen trauerte.

Aber nein, das war mehr, denn die Blumen, um den Baum gepflanzt, zeigten geknickte Köpfe. Das deutete auf anderes hin.

Ich griff zu meinem Handy, suchte die Wetter-App – weit und breit kein Regensymbol. Mein Kopf senkte sich und ich musste wegsehen. Bilder stiegen in mir auf:

Hitze, Blitze, Gewitter, Schwüle und Wolkenbrüche. Das war meine Kindheit. Durchnässt unter einer Kapuze in Regenpfützen planschen, so muss es wieder werden. Aber wie? Da fiel mir etwas ein:

„Wenn der Regen niederbraust ..."*
Ich griff mir den Regenschirm –
„wenn der Sturm das Feld durchsaust ..."*
ging hinaus,
„bleiben Mädchen und auch Buben
hübsch daheim in ihren Stuben ..."*

und ich dachte: Nein! Das muss draußen herrlich sein!
Ich öffnete ihn, Passanten bestaunten meine Voraussicht und ich spazierte unter dem Schirm herum, bis es geschah.
Der Wind war zum Sturm geworden. Er erhob mich über die Dächer
„Durch die Lüfte hoch und weit ..."*
und fegte mich weithin übers Meer.

Ich sah ihn die Wellen peitschen, zappelte und dachte: Warum mach' ich das? Strampelte, wollte herunter – ins Meer und zurückschwimmen.
Doch er zog mich weiter und wurde nach und nach – laue Luft.
Unter mir der Strand – Menschen tanzten mit Federbüscheln und klappernden Instrumenten. Daneben saßen Vögel mit hängenden Köpfen. Andere Tiere lagen reglos im gelb-struppigen Gras.

„Wo der Wind sie hingetragen,
ja, das weiß kein Mensch zu sagen."*

Ein Pfeil durchschoss meinen Schirm und holte mich herunter. Ich kam mitten unter den Tanzenden zum Stehen. Sie tanzten bedrohlich auf mich zu. Voller Furcht tanzte ich mit, beäugt von ihnen.
Wir tanzten und tanzten. Wild und immer wilder. Ich taumelte, schickte einen Blick zum Himmel – es tröpfelte. Blitzschnell wurde ich in die Höhe gehoben, von einem Windstoß, der unter meinen durchlöcherten Schirm gefahren war.
Die Gestalten schienen nach mir zu greifen, doch ich war schon hoch in den Lüften. Der Wind trieb mich – weiter – immer weiter, zurück übers Meer. Unter mir sah ich sie springen, die Delphine in bewährter Dreierformation. Heraus aus dem Salzwasser und wieder hinein ins Nass, das wir an Land so sehr entbehren. Ich dachte noch so vor mich hin, entsalzen wäre doch technisch möglich? Aber der Wind schlug es mir aus dem Kopf und trug mich zügig bis dorthin, wo ein spitzer Kirchturm die Wolken

durchstößt. Schließlich ließ er nach und ich glitt herunter. Geschafft! Ich schloss den Schirm, lief ins Haus, in mein Zimmer, zum Plattenspieler, suchte eine Platte und kurz darauf ertönte ihre Stimme: „Am Tag als der Regen kam, lang ersehnt, heiß erfleht ..."**

Und ich tanzte. Und ich ließ sie laufen, die Platte – bis er kam, der Regen. Doch erst nach 13 Tagen.

* Zitate aus der „Geschichte vom fliegenden Robert", in:
   Der Struwwelpeter von Heinrich Hoffmann, leicht gekürzt
** Schlager, gesungen von Dalida

User:

Eine Frau entdeckt, dass Bäumen und Pflanzen Wasser fehlt.

Sie erinnert sich an ihr regenreichhaltige Kindheit und an ein Kindermärchen, in dem Kindern verboten wird, wenn es stürmt und der Regen peitscht, nach draußen zu gehen.

Sie holt ihren Schirm und spaziert draußen herum, bis ein Sturm sie in die Lüfte hebt, übers Meer treibt und bei einem Stamm, der den Regen in einem Tanz herbei zu rufen versucht, absetzt. Sie tanzt mit bis erste Regentropfen fallen.

Der Wind erhebt sie erneut und bläst sie zurück an ihren Ausgangspunkt. Sie legt eine Platte auf mit dem Lied: Am Tag als der Regen kam ... und tanzt wieder, bis er kommt, der Regen. Nach dreizehn Tagen.

ChatGPT:

```
Diese Geschichte erzählt von einer Frau, die die
Notlage der Bäume und Pflanzen bemerkt, als ihnen
Wasser fehlt. In ihrer Erinnerung aus ihrer regen-
reichen Kindheit taucht ein Märchen auf, in dem
```

Kindern verboten wird, bei stürmischem Wetter und heftigem Regen nach draußen zu gehen.

Inspiration schöpfend, holt sie ihren Regenschirm und begibt sich ins Freie. Doch statt sich von einem Sturm bedroht zu fühlen, wird sie von einem mächtigen Wind erfasst und in die Lüfte gehoben. Der Wind trägt sie über das Meer und setzt sie schließlich bei einem Baumstamm ab. Dieser Baum scheint den Regen mit einem magischen Tanz herbeirufen zu wollen.

Die Frau nimmt an diesem tänzerischen Ritual teil, und erst als die ersten Regentropfen fallen, endet der Tanz. Dann erhebt der Wind sie erneut und trägt sie zurück an ihren Ausgangspunkt. Dort legt sie eine Platte auf und spielt das Lied „Am Tag, als der Regen kam..." ab. Sie tanzt erneut mit Leidenschaft, bis schließlich nach dreizehn Tagen der lang ersehnte Regen einsetzt.

Diese Geschichte erzählt von der Verbindung zwischen der Natur und dem Menschen, von der Erinnerung an vergangene Zeiten und von der Hoffnung, dass durch gemeinsames Handeln und die Wertschätzung der Natur der Regen und die Rettung für die bedürftigen Pflanzen und Bäume wiederkehren können.

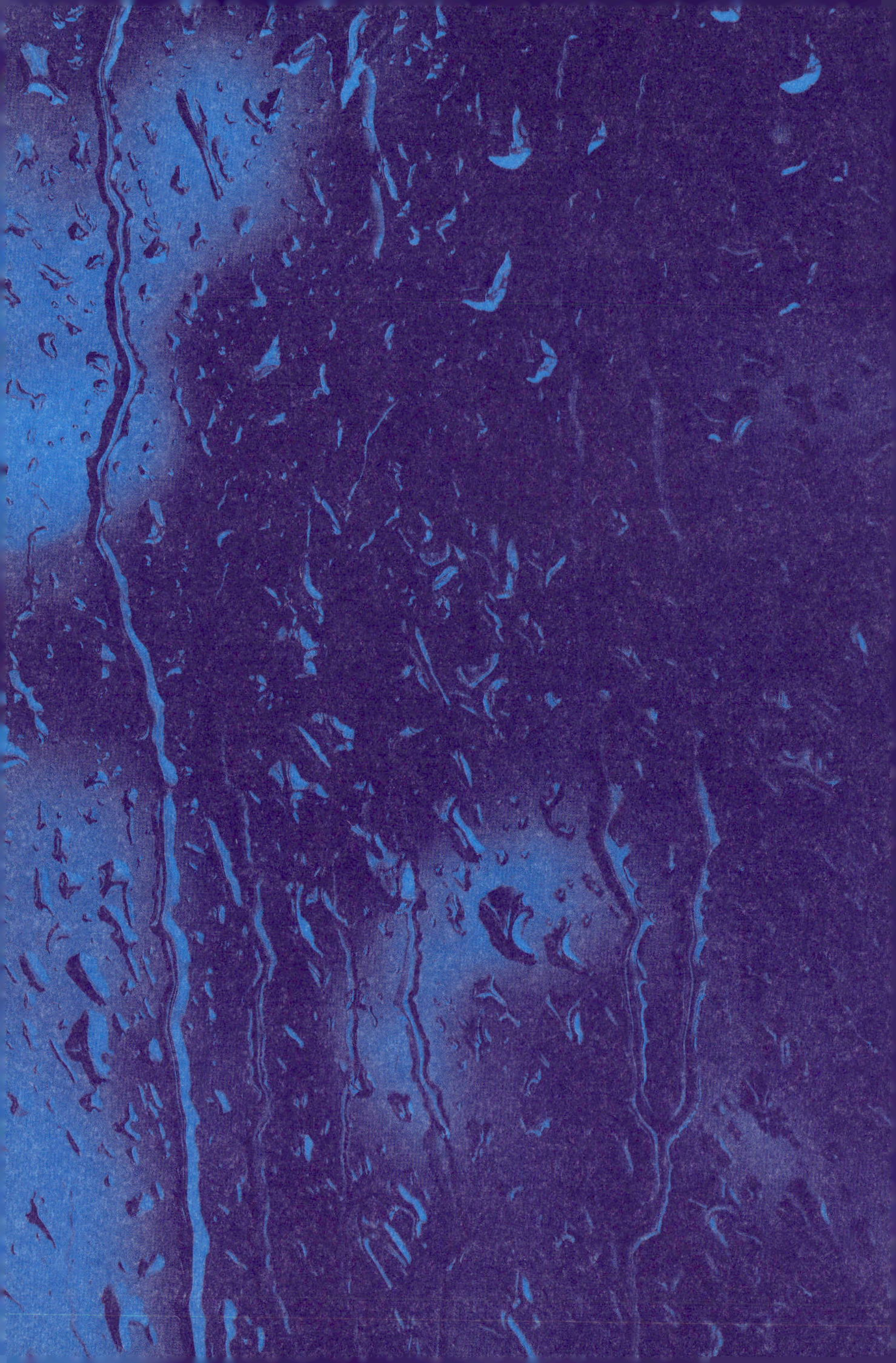

Georg Steinmeyer

Der Mann im Regen

Ein Mann saß in seinem Büro und sah, dass es regnete. Darüber war er sehr ungehalten, weil er Regen nicht leiden konnte. Noch nie. Ja, er betrachtete den Regen geradezu als persönlichen Feind und fasste deshalb jedes Klopfen der Regentropfen auf dem Fensterblech als persönliche Beleidigung auf. Gegen siebzehn Uhr zwanzig, als der Regen schon über zwei Stunden in beleidigender Absicht gegen sein Fensterbrett geklopft hatte, reichte es dem Mann. Er rief beim Meteorologen an und fragte, wann der Regen ende.

„Nicht vor neunzehn Uhr", teilte ihm der Meteorologe sachlich mit.

„Das dauert mir zu lange", entgegnete der Mann, „ich wünsche den Abzug des Regens bis spätestens achtzehnuhrzweiundzwanzig."

„Das wird nicht einfach zu machen sein", entgegnete der Meteorologe, „ich habe zwar die Leitung über eine Wetterstation, aber ich habe keine Leitung über das Wetter."

„Dann sorgen Sie dafür, dass sich das ändert und Sie die Leitung kriegen!", rief der Mann in den Hörer. „Ihr Regen regt mich auf!"

„Mein Regen?", fragte der Meteorologe, und es klang sehr interessiert. „Sie meinen also, der Regen gehöre mir?"

„Ich meine gar nichts. Ich erwarte nur etwas, nämlich, dass Sie Ihren Einfluss geltend machen."

„Wenn ich tatsächlich Besitzer des Regens wäre", erklärte der Meteorologe, „und hier muss ich Ihnen teilweise sogar zustimmen, denn ich besitze eine Regentonne und somit zumindest Anteile am Regen, so ist daraus doch keineswegs abzuleiten, dass ich auch Einfluss auf den Gesamtregen hätte, insbesondere nicht, bevor er in meine Tonne läuft. Ich bin, was das Regenwasser betrifft, sozusagen nur ein unbedeutender

Kleinaktionär und habe nicht die Mehrheitsanteile, und so steht zu befürchten, dass ich in der von Ihnen gewünschten Weise keinen Einfluss auf das Management, die Ausrichtung und die strategischen Entscheidungen des Regens nehmen kann."

„Dann versuchen Sie gefälligst, Ihre Anteile am Regen zu erhöhen", schrie der Mann immer noch sehr erregt, „wofür werden Sie eigentlich bezahlt?"

„Ich werde dafür bezahlt, dass ich mich mit Dingen wie dem Regen befasse."

„Das will ich auch hoffen", brüllte der Mann, „dann strengen Sie sich mal etwas an mit dem Befassen!"

„Das habe ich bereits getan", verteidigte sich der Meteorologe, „die Regentonne in meinem Garten fasst hundert Liter und ist fast voll."

„Also das hat ja keinen Zweck, wir beenden unser Gespräch an dieser Stelle", sagte der Mann plötzlich in einem sehr nüchternen Ton, „ich gehe von der Beendigung des Regens bis achtzehnuhrdreißig aus und werde Sie persönlich dafür haftbar machen. Basta."

Es wurde siebzehn Uhr und es regnete, es wurde achtzehn Uhr und es regnete Fäden, es wurde achtzehnuhrzwanzig und es goss in Strömen, es wurde achtzehnuhrdreißig und es schüttete aus Eimern.

Da beschloss der Mann, den Meteorologen persönlich aufzusuchen. So was machte er normalerweise nicht, aber er dachte, dass er nur so seiner Forderung Nachdruck verleihen könne.

„Sie wünschen?", fragte der Meteorologe, als der Mann gegen zwanzig Uhr an seiner Tür klingelte.

„Wir hatten telefoniert. Bitte – es regnet noch immer. Ich möchte, dass das aufhört. Verstehen Sie? Es muss einfach aufhören. Jetzt sofort. Ich halte das nicht aus."

„Aber der Regen hat doch längst aufgehört", erklärte der Meteorologe, „schauen Sie mal zum Himmel, strecken Sie mal Ihre Hand aus: Es fällt kein Tropfen mehr!"

„Aber", sagte der Mann und schien verstört, „aber hier ist doch alles voll Wasser, sehen Sie selbst, ich bin ja ganz nass!"

Denn der Mann merkte nicht, dass das Wasser auf seinem Gesicht nicht Regentropfen waren, sondern Tränen. Er weinte nämlich, weinte schon die ganze Zeit und wusste es nicht. Der Meteorologe aber fing plötzlich an zu lachen, als fände er das komisch, und hatte bald auch Tränen im Gesicht, aber die kamen von seinem Lachen. Da ging der Mann traurig fort und lief lange durch die Stadt, um das Ende des Regens zu suchen. Irgendwo, das wusste er, musste es sein. Er war immer noch sehr ärgerlich auf den Meteorologen, der es ihm nicht verraten hatte, obwohl er es kennen musste. Er fragte die Leute in der Stadt, ob sie das Ende des Regens gesehen hätten und warum sie keinen Regenschirm aufspannten, aber die Leute tippten sich an die Stirn und erklärten, dass es überhaupt nicht regne und er bescheuert sei.

„Aber mein Gesicht ist doch ganz nass!", rief der Mann. „Seht doch, es wird immer nasser, das bilde ich mir doch nicht ein!"

Da hörte er hinter sich wieder jemanden lachen. Und als er sich umdrehte, stand da der Meteorologe und lachte und lachte, und als der Mann weiterlief, lief er hinter ihm her und lachte weiter, lachte in einem fort. Auf der großen Brücke über dem Fluss, in der Mitte der Stadt, blieb der Mann stehen. Der Meteorologe bemerkte plötzlich den Zug eines Lächelns um seinen Mund, so als ob er etwas Gutes entdeckt hätte.

„Sagen Sie mal", begann der Mann nachdenklich, „gibt es eigentlich auch unter den Flüssen Regen?"

Da musste der Meteorologe wieder ganz laut lachten über diese Frage, was für eine Frage!

„Natürlich nicht", keuchte er zwischen den Lachern, „also Sie sind mir ja eine Nummer, wie soll es denn *unter* den Flüssen regnen können, der Regen ist ja immer nur *über* dem Wasser, denn unter Wasser ist ja sowieso immer alles ganz nass, da kann es doch gar nicht schütten, die Fische kennen überhaupt keinen Regen."

Da lachte jetzt plötzlich auch der Mann laut auf, lachte regelrecht befreit und immer lauter, noch viel lauter als der Meteorologe gelacht hatte, lachte und lachte, und Unmengen an Tränen rannen über seine Wangen, aber die kamen jetzt auch vom Lachen, und er lachte und lachte und lachte immerfort, und dann sagte er: „Jetzt weiß ich, wo der Regen aufhört!", und er sprang in den Fluss.

Aber – leider ist er nicht mehr von dort zurückgekommen, nie mehr. Und deshalb weiß man nicht, wie es ihm ergangen ist da unten und ob er noch mehr gelacht hat und ob es tatsächlich keinen Regen gibt unter den Flüssen, wie der Meteorologe es gesagt hatte.

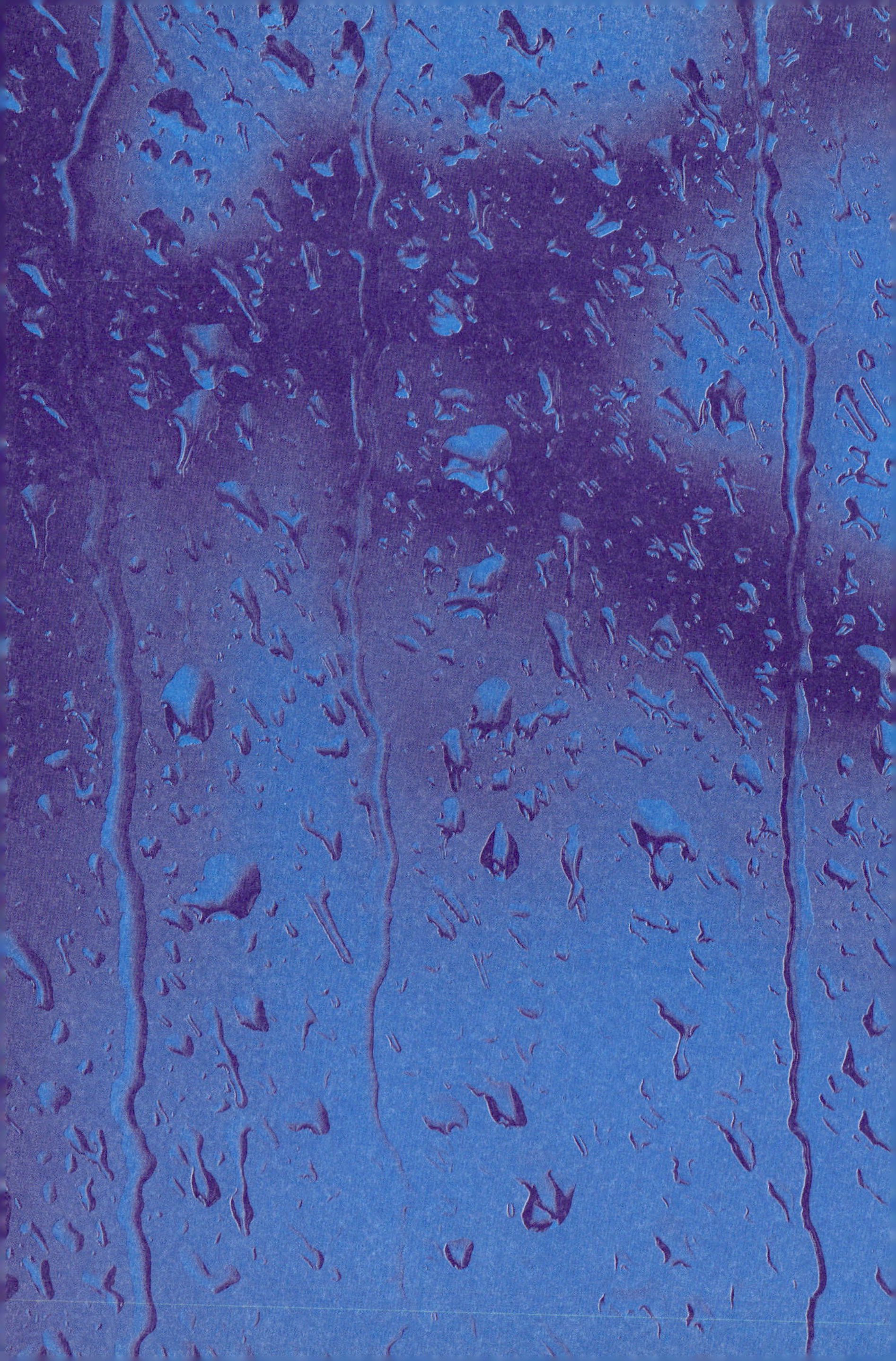

Salean A. Maiwald

Sommer 2017

Dauerregen. Sie will zur Meditation
kurze Busfahrt, nahe der Haltestelle
watet sie durch knöcheltiefes Wasser

Nach der Hälfte des Weges
schwappt es bereits kniehoch
Eine Baustelle: Furcht, in eine
vollgelaufene Grube zu fallen

Sie schaut sich hektisch um. Dann:
ein Mann. Er führt sie, schreit ins Handy
er habe eine Frau am Hals und
überlässt sie wieder dem Wasser

Panik überkommt sie, wie allein in einer
Sintflut. Schon ein heftiges Unwetter
in der Stadt schwemmt alle Sicherheit
hinweg, weckt archaische Ängste
einer Vor-Arche-Zeit

User:

Schreibe Gedicht über Regen in Berlin 2017; überflutete Straßen, Frau hat Angst in einer Grube zu ertrinken; Assoziation einer Vor-Arche-Zeit

ChatGPT:

Im Regen von Berlin, im Jahr des Zwanzigsiebzehn,
Als Himmelsgüsse die Straßen in Fluten tauchten rein.
Die Stadt ertrank in Wassermassen, wild und schwer,
Überflutete Wege, ein Ozean, der sich regelrecht vermehr'.

Die Straßen verwandelten sich in Stromschnellen,
Als das Wasser stieg, ohne sich je zu stellen.
Eine Frau, allein, in der Tiefe gefangen und fern,
Bangend, ertränkt zu werden in dieser nassen modernen Stern'.

Eine Grube, nun eine Falle im Regengewand,
Ihr Herz pochte wild, die Angst unverkannt.
Ein Echo vergangener Tage, einer Vor-Arche-Zeit,
Wo Wasser die Erde umschlang, zur Sintflut bereit.

Das Rauschen des Regens, ein alter Chor der Sintflut,
Erinnert an jene Mythen, die das Alte mit neuem Mut verknüpft.
Die Arche Noah, als die Welt im Wasser versank,
Ein Echo vergangener Fluten, die manche Seelen lang verdrängt und umrankt.

Doch trotz der Ängste, der Erinnerung wach,
Ein Lichtstrahl der Hoffnung, der die Gedanken entfach':
Gemeinschaftliche Hände, die sich reichen in dieser Not,
Solidarität erwächst aus diesem nassen Fluss gebot.

In Berlin, im Regen des Jahres Zwanzigsiebzehn,
Da zeigte sich der Geist, der lässt uns nicht allein.
Die Fluten mögen weichen, die Straßen wieder klar,
Doch bleibt die Erinnerung, wie der Regen fiel, unvergessen
                              sogar Jahr um Jahr.

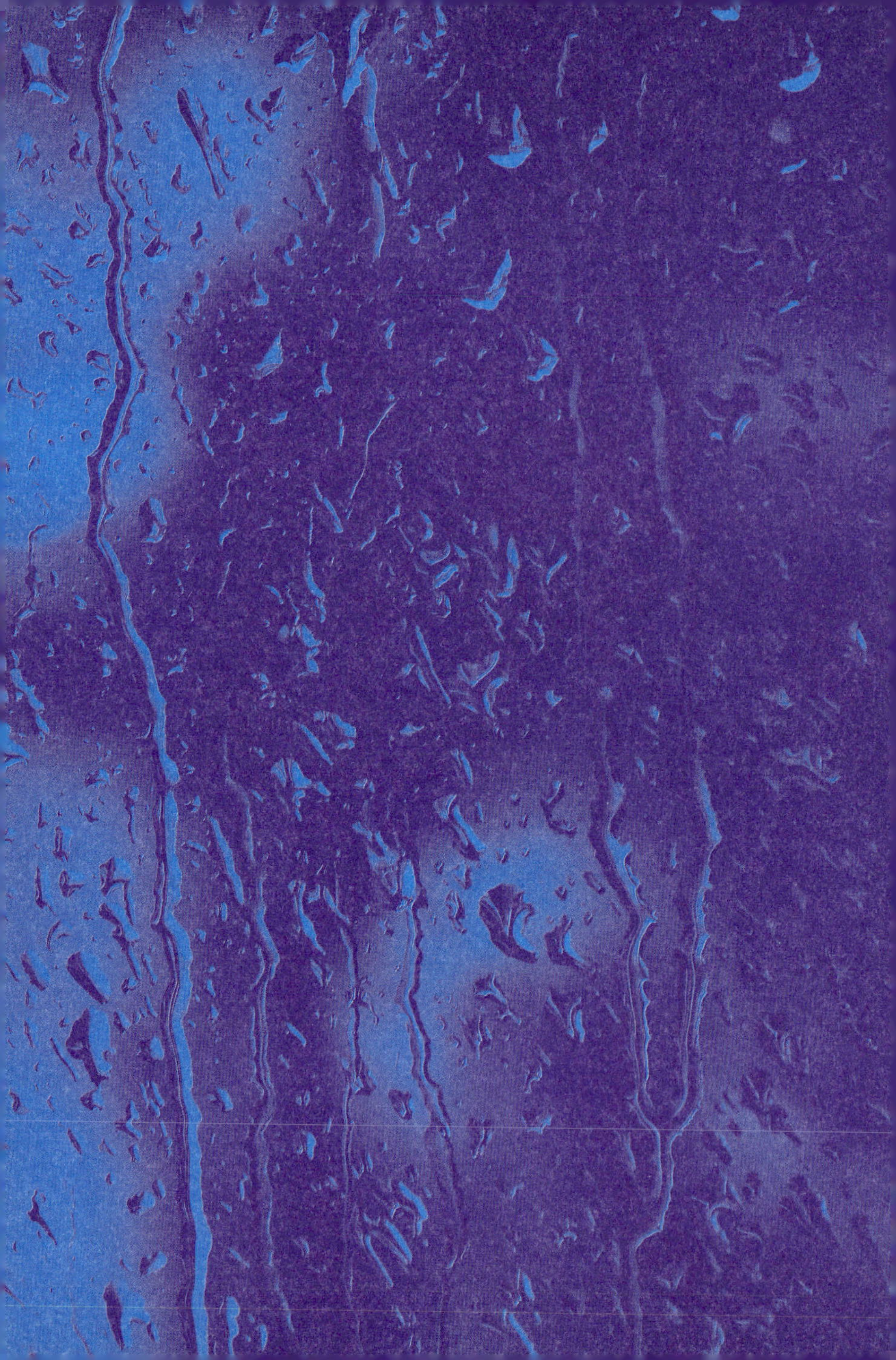

Heinrich von der Haar

Jüngstes Gericht

Tropfen trommeln aufs Scheunendach, aus den Rinnen schießt es. Meine kleine Schwester Anna und ich mantschen mit klitschnassen Füßen in Holzschuhen im Schlamm und singen: *„Es regnet, Gott segnet ..."* Dann schaukeln wir unterm Scheunenvordach. Könnte ich doch über die Wolken in den Himmel fliegen. Wie eine Wand steht der Regen in der Luft. Hof und Wege aufgeweicht, Gras morastig, Mulden voll. Das hört nie auf! Die Krähen in den noch nackten Eichen lassen die Flügel hängen. Nicht mal unsere Kirche sehe ich. Dunkle Wolken hängen so niedrig, als kämen sie direkt aus dem evangelischen Nachbarort. Der Wind jagt einen Schauer nach dem andern über den Hof. Wenn es nicht prasselt, trieft es, tropft es oder nieselt es. Die Mühlenaa füllt die Gräben, dann die Wiesen. Pfützen werden Seen, Seen ein Meer. Immer mehr scheinen die verstreuten Einzelhöfe, Wallhecken und Wälder im Meer zu schwimmen. Es steigt ums Haus, im Keller.

„Ist das die Sintflut?", frage ich Vater beim Essen.

„Seit Fastenbeginn regnet es", sagt er. „Das Wintergetreide ersäuft. So schlimm war's lange nicht mehr."

Wir brauchen eine Arche wie Noah. Abends beten wir Rosenkranz am Küchentisch gegen Überschwemmung. Gott macht Hof und Ernte kaputt, auch weil ich lüge, ungehorsam und unkeusch bin. Wenn er nur nicht das Haus ins Moor spült! Kommt jetzt das Weltende mit dem Jüngsten Gericht?

„Gress ist 'ne Kuh im Graben ertrunken. Gress' Berta heult nur noch", erzählt der große Bruder Karl, „und Gress' Gustav hat geflucht: ‚Gott hat die ganze Schweinerei unter Wasser gesetzt. Der sollte Nägel mit Köpfen machen, dass endlich Schluss wäre!' Die wollen jetzt die Kühe aufgeben und den Ältesten nicht aufm Hof behalten, der soll in die Schlosserlehre."

„Der Anfang vom Ende", sagt Vater. „Wintergerste verfault. Weshalb straft uns Gott so?"

„Macht Gott das wirklich?", frage ich. „Blitze sind auch nur Elektrizität, sagt Lehrer Mauser."

„Dieser Idiot. Was weiß der schon. Geh! Du hast jetzt Zeit für Schulaufgaben!"

Sonst muss ich nie Hausaufgaben machen. Scheiß Überschwemmung. Ich brüte über Rechenaufgaben. Eine der wenigen wintermüden Fliegen ärgert mich. Sie tritt sich die Füße auf meiner Hand ab und brummt mir was ins Ohr. Schlag ich nach ihr, ist sie weg. Dich kriege ich! Nehme ich mir die Aufgabe vor, summt sie wieder rum und setzt sich auf die Stirn. Ich schlage zu und treffe nur mich. Ich tue so, als rechne ich, schließe fast die Augen und atme ruhig. Sie muss kommen. Dich kriege ich, meine geöffnete Hand bereit, sie im Flug zu fangen. Sie kommt nicht. Wieder schlägt die Uhr eine halbe Stunde. Wie weiß die Fliege, wann ich wirklich rechne? Warum kommt sie nicht? Ich habe kein Glück. Dann sehe ich sie – in der Milchtasse ertrunken, die durchsichtigen Flügel ausgebreitet.

„Faul wie 'n Bohnensack!", sagt Vater. „Hausaufgaben. Weißt nicht mal, was drei mal sieben ist."

„Doch, einundzwanzig."

Im Traum bricht das Haus über mir und Vater zusammen, ich ertrinke.

Am Morgen bringt Vater uns mit dem Leiterwagen zur Schule. Er hält die Zügel. Dem Pferd reicht das Wasser bis zum Bauch. Nur nicht vom Weg abkommen wie Gress' Kuh. Wasser rinnt mir aus dem Haar übers Gesicht. Bis in die Holzschuhe durchnässt und regenblind, sehe ich im Dorf Barbara wie einen Storch durchs Wasser stapfen und den Rock heben. Lange drehe ich mich nach ihr um und sehe so viel, wie man nicht darf. Die Sünde geht mir nicht aus dem Sinn.

Im Katechismusunterricht frage ich den Pfarrer: „Schickt Gott jetzt die Sintflut?"

„Jederzeit kann die Sintflut kommen! Früher schon hat die Flut das flache Münsterland bis zum Teutoburger Wald gefüllt. Am Fuße des Waldes wohnte eine große Mutter", erzählt er. „Sie spann und ihre Kinder spielten, als ein großes Meer über die Schwelle in die Stube schoss.

,Wir ertrinken!', schrien die Kleinen. Die Mutter schleppte sie durch die Flut auf die Bergspitze, aber das Wasser folgte.

,Steigt mir auf die Schultern!', rief sie. ,Herr im Himmel, wenn ich auch ertrinke, lass die Kinder leben!'

Dann schrie die Kleinste: ,Warum ist deine Hand hart und kalt wie Stein? Alles an dir ist wie Stein.'

Hockend trug sie die Kleinen", sagt der Pfarrer, „bis die Flut sank, erstarrte zum Felsen, die Dörenther Klippen. So rettete das Hockende Weib mit dem Glauben die Kinder."

Mein Herz klopft. „Und uns Sünder straft Gott mit der Flut?", frage ich. „Ma-Macht Gott die Überschwemmung wirklich?"

„Wer's glaubt, wird selig", tuschelt mein Banknachbar Caspar.

„Wehe den Ungläubigen: Wer zweifelt, erstarrt wie Lots Frau zur Salzsäule." Der Pfarrer kommt auf mich zu, schüttelt den Kopf. „Deine Fingernägel!"

Ich schiebe die Finger in die Pulloverärmel. Ich muss glauben und schwöre: nicht mehr lügen, nicht klauen, nicht mein Röhrchen berühren. Dann hört Gott mit Überschwemmung auf.

Am Nachmittag zeigt Anna stolz ihr Marmeladenglas, in der Fastenzeit gefüllt mit Bonbons. Ich weiß, wo sie das Glas versteckt. Später schleiche ich hin, schütte alle aus. Ich will sie nur zählen. Es sind so viele. Anna wird nicht bemerken, wenn ein paar fehlen. Ich stecke mir drei in den Mund.

Am Abend schreit und heult Anna. Ich gebe es nicht zu, kann aber nicht einschlafen und meine Finger nicht auf der Bettdecke liegen lassen.

Drei Tage später scheint die Sonne.
„Schönes Wetter heute", sagt Vater. „Endlich ist die Frühjahrsüberschwemmung vorbei. Und Herta ist trächtig, die gibt gute Milch."
Er kauft neues Saatgut.

Nur wegen ein paar Bonbons bekomme ich die versprochenen Kniestrümpfe nicht, kriege gar was auf den Hintern, weil ich die kratzigen Strümpfe nicht mehr anziehen will.
„Die trägst du bis Ostern!", sagt Vater. Er sät aus dem Tuch, über der Schulter verknotet, erneut Getreide ein.
Später ruft er mich: „Hilf Jauche ausfahren!"
Er schiebt mit dem Wallach den Jauchewagen rückwärts zum Jauchebecken und hebt den Eisendeckel hoch. Auf allen Vieren krieche ich an den Rand und blicke hinab zum dunklen Jauchespiegel, vorsichtig, jederzeit kann der braune Arm vom Eisenhans rausgreifen und mich runterziehen. Die grünen Blasen stinken, dass mir schwindlig wird.
Ich muss mit aufs Feld, den Eisenhebel hinten hochziehen.
„Mit neun kannst du das", sagt Vater.
Anfangs springe ich zu langsam zurück, die Jauche sprüht mir die Beine voll.
„Du Döskopp", ruft Vater.
Ein dicker Strahl sprudelt aus dem Wagen, wie Blut aus dem Schweinehals, über das gekrümmte Blech, in der Sonne goldschimmernd, bis es nur noch tröpfelt. Überall liegen zerweichtes Papier vom Bistumsblatt, braune Hühnerknochen, Krallenfüße, Schnäbel. Fette Raben machen sich drüber her. Die graumelierte Katze beißt mit dem Eckzahn in ein Schweinsauge, es knackt, bläulicher Schleim spritzt ihr ins Gesicht. Sie schüttelt sich und geht mit gespreizten Beinen davon.

Plötzlich steckt der Wagen im Schlamm fest. Vater kriegt ihn nicht flott. Er wischt sein verschwitztes Gesicht am Ärmel ab und wirft sich aufs Knie, um das Kreuz durchzudrücken und Atem zu holen.

„Gott verdamm mich! Schieb, Schlappschwanz! Willst du die Ärmchen wie 'n Mädchen schonen?"

„Fluchen ist Sünde!", sag ich.

„Halt 'n Mund und schieb!" Zusammen schaffen wir es.

Dann schickt Vater mich mit einem Groschen in den Kolonialladen. „Kauf 'n Packen *Owiedumm!*"

Die Verkäuferin hält sich die Nase zu und sagt lachend: „Leider ausgegangen."

Und zu Hause höre ich: „April, April! O wie dumm! O wie dumm!"

Ich darf nicht alles glauben!

Ich sitze dösend hinterm Haus auf dem ersten Grün, streiche über die pelzigen Halme und höre dem Schwirren der ersten Schwalben zu. Hell und warm strömt die Sonne in mich hinein. Ich harre, verharre, weiß nicht, worauf, barfuß im warmen Sand, und sauge Akazienblüten-Rüssel aus, der Nektar schmeckt süßer dieses Jahr. Nach dem Hochwasser duftet das Gras frisch. Meine Angst vor der Flut ist weg.

Irgendwas stimmt nicht dran, dass Gott an allem schuld ist.

Prompt:

Schreibe eine Geschichte, die im Münsterland im Frühjahr 1957 spielt, aus der Sicht eines 9-jährigen Bauernjungen in Ich-Form. Er erlebt, dass es ununterbrochen regnet, dass alles überschwemmt wird und unterzugehen droht, und er fürchtet den Weltuntergang mit dem Jüngsten Gericht als Strafe Gottes, bestärkt von seinem rigiden Vater, der über Ernteverluste klagt. Da kommt der Junge auf die Idee, den Pfarrer zu fragen, ob Gott die Menschen wirklich mit der Überschwemmung bestraft, was der Pfarrer allerdings bestätigt. Erst als der Junge in seiner Gutgläubigkeit durch einen Scherz in die Irre geführt wird, überwiegen seine Zweifel.

Die Geschichte soll 3500 Zeichen haben.

ChatGPT:

Im Frühjahr 1957, im malerischen Münsterland, wurde ich als 9-jähriger Bauernjunge unerwartet Zeuge eines Naturereignisses, das unser Leben in seinen Grundfesten erschütterte. Es regnete ununterbrochen, Tag für Tag, Woche für Woche. Der Himmel goss seine Schleusen aus, als wollte er die Welt ertränken. Die Bäche schwollen an, Flüsse traten über die Ufer, und die Felder verwandelten sich in stinkende Seen.

Ich konnte das laute Klagen meines Vaters hören, der über die drohenden Ernteverluste schimpfte und die Schuld dem Himmel zuschob. Er war ein strenger Mann, und er glaubte fest an die Macht Gottes. Er war überzeugt, dass diese unerbittliche Flut eine Strafe Gottes war, eine göttliche Rache für die Sünden der Menschen. In meiner kindlichen Naivität konnte ich nicht anders, als seinen Worten Glauben zu schenken.

Die Angst vor dem Weltuntergang kroch in mir hoch, und ich hatte Albträume von einem donnernden Jüngsten Gericht, bei dem die Menschen für ihre Vergehen bestraft wurden. Ich fürchtete mich vor dieser Strafe und hoffte verzweifelt, dass sie bald vorübergehen würde. Aber der Regen hörte nicht auf. Er schien ohne Gnade auf uns niederzuprasseln.

Eines Tages, als ich auf dem Weg zur Schule durch das knöcheltiefe Wasser waten musste, kam mir eine Idee. Vielleicht konnte der Pfarrer mir sagen, warum Gott uns so bestrafte. Nach dem Unterricht wagte ich mich zum Pfarrhaus, klopfte an die Tür und trat zögerlich ein. Der Pfarrer, ein freundlicher Mann mit einem langen grauen Bart, empfing mich mit einem warmen Lächeln.

„Was führt dich zu mir, mein Junge?" fragte er.

„Ich... ich wollte wissen, warum Gott uns bestraft," stammelte ich. „Warum schickt er uns diesen schrecklichen Regen?"

Der Pfarrer seufzte und schien eine Weile nachzudenken. „Mein Kind, das ist eine schwierige Frage," antwortete er schließlich. „Aber ich glaube, Gott bestraft uns manchmal, um uns auf den rechten Pfad zurückzuführen. Vielleicht haben die Menschen in unserem Dorf gesündigt, und dieser Regen ist eine Erinnerung daran, dass wir unsere Wege ändern müssen."

Seine Worte bestätigten meine Ängste, und ich verließ das Pfarrhaus mit einem schweren Herzen. Aber ich fühlte auch, dass es an der Zeit war, etwas zu unternehmen. Als ich später mit meinen Freunden spielte, erzählte ich ihnen von meiner Unterredung mit dem Pfarrer. Sie hörten aufmerksam zu und begannen zu grübeln.

Einer meiner Freunde, ein Lausbub, der für seine Streiche bekannt war, sagte schließlich: „Vielleicht sollten wir alle in die Kirche gehen und Gott um Vergebung bitten. Das wird den Regen sicher stoppen!"

In meiner Gutgläubigkeit dachte ich, das sei eine großartige Idee. Wir trommelten die Kinder aus dem Dorf zusammen und zogen in die Kirche. Wir beteten, sangen und flehten um Vergebung für unsere Sünden. Aber der Regen hörte nicht auf.

Mit jedem verstrichenen Tag wuchsen meine Zweifel. War es wirklich Gottes Strafe? Oder war es einfach nur eine Naturkatastrophe? Mein Vater, immer noch über die Ernteverluste verärgert, glaubte weiterhin an die göttliche Strafe. Aber ich konnte die Worte des Pfarrers und den Scherz meines Freundes nicht vergessen.

Schließlich, nach vielen Wochen des Regens, hörte der Strom auf, zu steigen. Die Fluten zogen sich langsam zurück, und die Sonne brach endlich wieder durch die Wolken. Unsere Ernten waren zwar schwer getroffen, aber das Leben kehrte in unser Dorf zurück. Ich lernte eine wichtige Lektion in jenen Tagen: Man sollte nicht blindlings allem Glauben schenken, was einem erzählt wird, und die Wahrheit selbst herausfinden.

Der Frühling kehrte ins Münsterland zurück, und mit ihm die Hoffnung auf bessere Tage. Wir hatten die Flut überstanden, und ich hatte gelernt, dass nicht jeder Regen eine göttliche Strafe war.

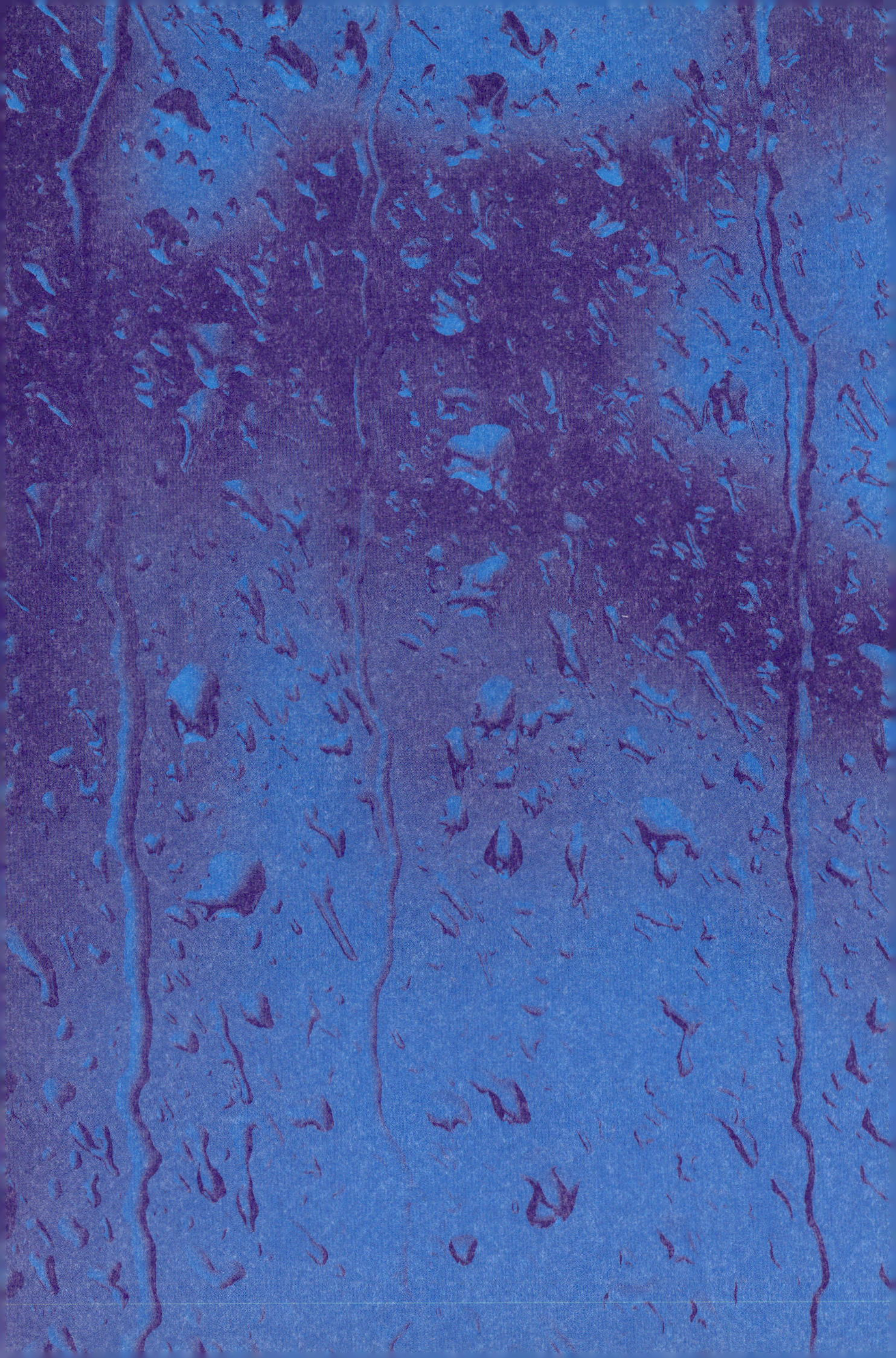

Michael-André Werner

Rauschen

„Willst du noch einen Schluck?", frage ich.

„Ja", sagt er, „gib her", nimmt die Flasche, gießt den Rest ein, schaut durch den Hals und wirft die Flasche über seine Schulter, sie kommt dumpf auf. „Was meinst du", fragt er, „ob es noch woanders jemanden gibt?"

„Keine Ahnung", sage ich. „Bestimmt. Wieso nicht?", sage ich.

Er trinkt.

„Wie Wasser", sagt er.

„Ja", sage ich, „es geht dem Ende zu."

„Weiß man eigentlich, was passiert ist? Irgendein schiefgegangenes Experiment? Oder wer schuld ist?", fragt er.

„Was spielt das jetzt noch für eine Rolle?", sage ich.

„Irgendjemand muss doch schuld sein. Das hilft doch. Also ich würde mich besser fühlen, wenn ich wüsste, dass jemand schuld ist."

„Vielleicht sind wir alle schuld."

„Das gefällt mir nicht", sagt er.

Draußen wird es dunkel. Wolken ziehen auf wie bei einem Gewitter, aber ein bisschen hell ist es noch.

„Mach doch mal Licht an!", sagt er.

„Kein Strom", sage ich, „aber Kerzen hab ich noch. Gib mir mal dein Feuerzeug", sage ich.

Das Rädchen schlägt Funken, aber das Feuerzeug brennt nicht. Ich gebe es ihm zurück. Er schüttelt es, hält es ans Ohr.

„Leer", sagt er und lässt es noch einmal Funken sprühen. Dann dreht er sich zum Fenster um. „Ich schmeiß es raus", sagt er.

„Lass das Fenster zu!", rufe ich. „Ich hole Streichhölzer", sage ich und stehe auf. Mir ist schwindelig, ich muss mich abstützen, aber ich schaffe es zum Schrank, nehme Streichhölzer heraus und schwanke zu meinem Sessel zurück.

„Besoffen!", lacht er.

„Ich habe nichts getrunken", gebe ich zurück. „Nur ganz wenig. Und das wirkt auch gar nicht mehr."

Ich falle in den Sessel. Er spielt noch immer mit dem Feuerzeug. Ich lege die Streichholzschachtel neben die Kerzen und klopfe mir den Staub von der Jacke. Er sieht es, steckt das Feuerzeug ein und tut dasselbe.

„Es ist einfach lästig!", sagte er ein bisschen wütend. „All dieser Staub und – es zerfällt."

„Wenigstens wuchert es nicht", sage ich und tippe mir an die Brust.

Er lacht. „Weiß man's?"

„Du bist blasser geworden", sage ich zu ihm.

„Du auch", gibt er zurück. „Hast du mal 'nen Spiegel?"

„Hier nicht", sage ich, „aber draußen im Bad ..."

„Draußen war ein Bad", sagt er.

„Hm."

Ich trinke.

„Dann sind wir wohl bald", sagt er, „irgend so ein Zipfelchen an irgend so einem Apfelmännchen."

„Mandelbrot-Menge", verbessere ich, und er verzieht das Gesicht wie vor drei Tagen, als die ersten Nachrichten kamen, keine richtigen. Niemand weiß eigentlich, wieso alles zu Staub zerfällt. Jetzt trinkt er wieder und starrt in sein Glas.

„Leer", sagt er und dreht sich zum Fenster. „Ich schmeiß jetzt das Glas raus!"

„Lass das Fenster zu", sage ich. Auch mein Glas ist leer. Auch ich habe Lust, es aus dem Fenster zu schmeißen. Auch ich schaue hinaus. Es regnet. Es rauscht.

„Wolltest du nicht Kerzen anmachen?", fragt er.

Richtig. Ich fingere umständlich ein Streichholz aus der Schachtel.

„Ist auch stilvoller", sage ich, „Kerzen mit einem Streichholz anzuzünden, statt mit einem Feuerzeug".

Ich reibe den kleinen roten Kopf an der Schachtel, es zischt, es brennt. Die Flamme hängt wie ein Tropfen roten Honigs an dem Hölzchen herunter und frisst sich langsam Richtung meiner Finger.

„Nun schau dir das an!", sage ich.

Er schaut. „Na und", sagt er. „Hauptsache es brennt."

„Hauptsache es brennt", brumme ich und zünde eine Kerze an. Jetzt brennt es ganz normal: unten rund, oben spitz. Ich stelle die Kerze in den Halter, puste das Streichholz aus und entzünde die beiden anderen Kerzen an der ersten. Eine der drei brennt im Nu herunter und erlischt. Eine dünne Rauchfahne steigt auf. Die anderen Kerzen brennen ganz normal. Es ist keinen Deut heller geworden.

Ich klopfe den Staub ab. Der Stoff ist dünn geworden, an einigen Stellen kann ich durchsehen. Beim nächsten Abklopfen wird er reißen.

„Du bist blasser geworden", sagt er und klopft sich auch den Staub ab.

„Ich weiß", sage ich. Das Zimmer auch. Blasser und blasser und blasser.

„Gut, dass uns keiner sieht."

„Ich sehe dich", sagt er.

„Ja", sag ich, „gut, du ..."

„Und du siehst mich", fährt er fort.

„Ja", sage ich und klopfe mir den grauweißen Staub von den Schultern und vom Revers. Es reißt ein bisschen ein. „Da siehst du ...!"

„Wenn es wenigstens nicht so langweilig wäre", meint er.

„Uns bleiben höchstens noch ein paar Stunden, vielleicht nur Minuten, und du langweilst dich. Aber bitte, wenn du willst, mach ich den Fernseher an."

„Ich denke, du hast keinen Strom."

„Das ist ein altes Gerät. Das hat noch Batterien."

Ich stehe auf, halte mich am Sessel fest, am Tisch, an der Lampe, an seinem Sessel, am Regal und schwanke durch das Zimmer, hin zum

Fernseher. Ein Druck auf den Knopf. Der Bildschirm wird hell. Flimmern, weißes Rauschen. Ich schalte durch die Programme, aber überall kommt nur weißes Rauschen.

„Da, bitte", rufe ich. „Zufrieden?"

Er schweigt. Ich taumle zum Radio und schalte auch das ein. Es rauscht.

„Mach aus", sagt er. Ich schalte das Radio aus und stolpere zu meinem Platz zurück.

„Weißes Rauschen also", sagt er.

Ich klopfe mir den Staub von der Jacke.

„Hör auf damit!", sagt er laut.

„In meinen vier Wänden", sage ich ebenso laut, „kann ich immer noch tun und lassen, was ich will!"

„Deine vier Wände ... Du weißt ja nicht mal mehr, ob das noch Wände sind."

Er starrt auf den flimmernden Bildschirm.

„Wieso weißes Rauschen?", fragt er.

„Weil nichts mehr sendet", antworte ich, „und weil alles zerfällt und ..."

Er hört mir nicht zu, sondern starrt in die Kerzenflamme. Dann kommt er wieder zu sich.

„Schau mal", sagt er und zeigt auf die Kerzen.

Ich schaue. Beide brennen, aber nur eine ist kürzer geworden, während die andere noch genauso lang ist wie vorhin. Es gibt einen kleinen Knall, der Bildschirm wird dunkel, es riecht nach angeschmortem Plastik.

„Ciao", sagt er und winkt dem Fernseher zu. Dann klopft er sich den Staub von der Hose. „Bin ich blasser geworden?", fragt er.

„Ja", sage ich und wische den Staub vom Tisch. Ich werde ihn nicht fragen, ob ich blasser geworden bin. Ich weiß es, ich kann es an meiner Hand sehen, an meinem Ärmel, an der Hose. Ich schaue wieder hinaus.

„Schau mal", sage ich und zeige zum Fenster. Draußen vor dem Fenster ist kein Regen mehr, keine Dämmerung mehr, keine dunklen Wolken, nur noch weißes Rauschen.

„Man könnte denken, es schneit", sage ich. „Ich mochte Schnee. Mochtest du Schnee?"

„Ich weiß nicht", antwortet er. „Es ist alles schon so lange her."

„Drei Tage", sage ich.

„Trotzdem", sagt er, „ich kann mich kaum noch erinnern. Und müde bin ich auch."

„Schlaf bloß nicht ein", sage ich zu ihm. „Sonst verpasst du es noch."

„Na und", sagt er und klopft den Staub von den Hosenknien. Weißer Staub wie Schnee. Er malt mit den Schuhspitzen ein Muster in den weißen Staub vor sich auf dem Boden.

„Wie es wohl hinterher sein mag?", überlege ich.

„Was?", fragt er und schaut hoch.

„Wie es wohl hinterher sein mag. Wenn hier alles vorbei ist."

„Keine Ahnung", sagt er und holt sein leeres Feuerzeug wieder aus der Tasche.

„Ich hab ja auch nicht gefragt. Nur nachgedacht."

Wir schweigen eine ganze Weile. So lange, bis die eine Kerze zur Hälfte heruntergebrannt ist. Die andere ist immer noch so lang wie vorhin.

„Wenn es wenigstens rückwärts gehen würde", sagt er. „So wie alles passiert ist, rückwärts. Aber so ..."

„Würden wir das merken?", frage ich. „Vielleicht geht es ja schon ..."

„Ob es wehtut?", fragt er.

„Kaum", sage ich. „Sicher nicht. Wie denn auch? So, wie wir jetzt sind ... Jetzt tut es doch auch nicht weh."

Ihm läuft eine Träne über die Wange.

„Keine Sentimentalitäten", ermahne ich ihn.

„Nein", sagt er, „keine Sentimentalitäten, es ist nur ..." Er blickt aus dem Fenster. Draußen ist nichts mehr zu sehen. Nicht einmal Rauschen. Er staunt. „So habe ich es mir nicht vorgestellt."

„Ich auch nicht", sage ich.

„Wie eigentlich? Wie wirklich?" Er schaut mir ins Gesicht. Er sieht jetzt aus wie ein Albino. „Erzähl mir", sagt er, „wie es sein wird, nachher, irgendwann."

Ich hole tief Luft.

„Wir werden hier sitzen und reden und warten", sage ich. „Und dann, ganz plötzlich, ist auf einmal nichts mehr. Absolut – überhaupt – gar – nichts mehr."

„Ich glaube dir nicht", sagt er.

„Du wirst schon sehen", flüstere ich.

„Meinst du?"

„Ja."

„Na, wenn du meinst." Er pustet die Kerzen aus.

„So", sagt er.

Ich sehe ihn fragend an.

„Es hat mich gestört", sagt er. „Es hat mich nervös gemacht."

Ich schaue aus dem Fenster.

„Wie lange noch?", fragt er.

„Nicht mehr lange." Dann sage ich zu ihm, dass ich gehe.

„Warte", sagt er, „ich komme mit. Was soll ich hier alleine."

Er steht auf, schwankt, stützt sich ab. Auch ich stehe auf. Auch ich schwanke. Auch ich stütze mich ab.

„Warte", sage ich, „lass mich vorgehen."

„Ja", sagt er und bleibt stehen.

Ich gehe an ihm vorbei, stütze mich am Regal ab, greife nach der Klinke.

„Moment", sagt er und kommt nach.

Wir stehen an der Tür, ich mit einer Hand auf der Türklinke.

„Soll ich?", frage ich.

Er schweigt.

„Soll ich nun?", frage ich.

„Moment", sagt er, „einen Moment."

Er starrt auf meine Hand auf der Türklinke, dann schaut er mir ins Gesicht, dann aus dem Fenster, dann wieder auf meine Hand.

„Na, meinetwegen", sagt er leise.

Ich starre auf die Klinke.

„Nun mach schon!"

Ich drücke langsam die Klinke hinunter und ziehe die Tür auf.

„Bitte. Nach dir", sage ich.

„Nach dir", sagt er.

Wir stehen einen Moment.

„Ach, wir können auch drinnen warten."

Es staubt ein wenig, als ich die Tür schließe.

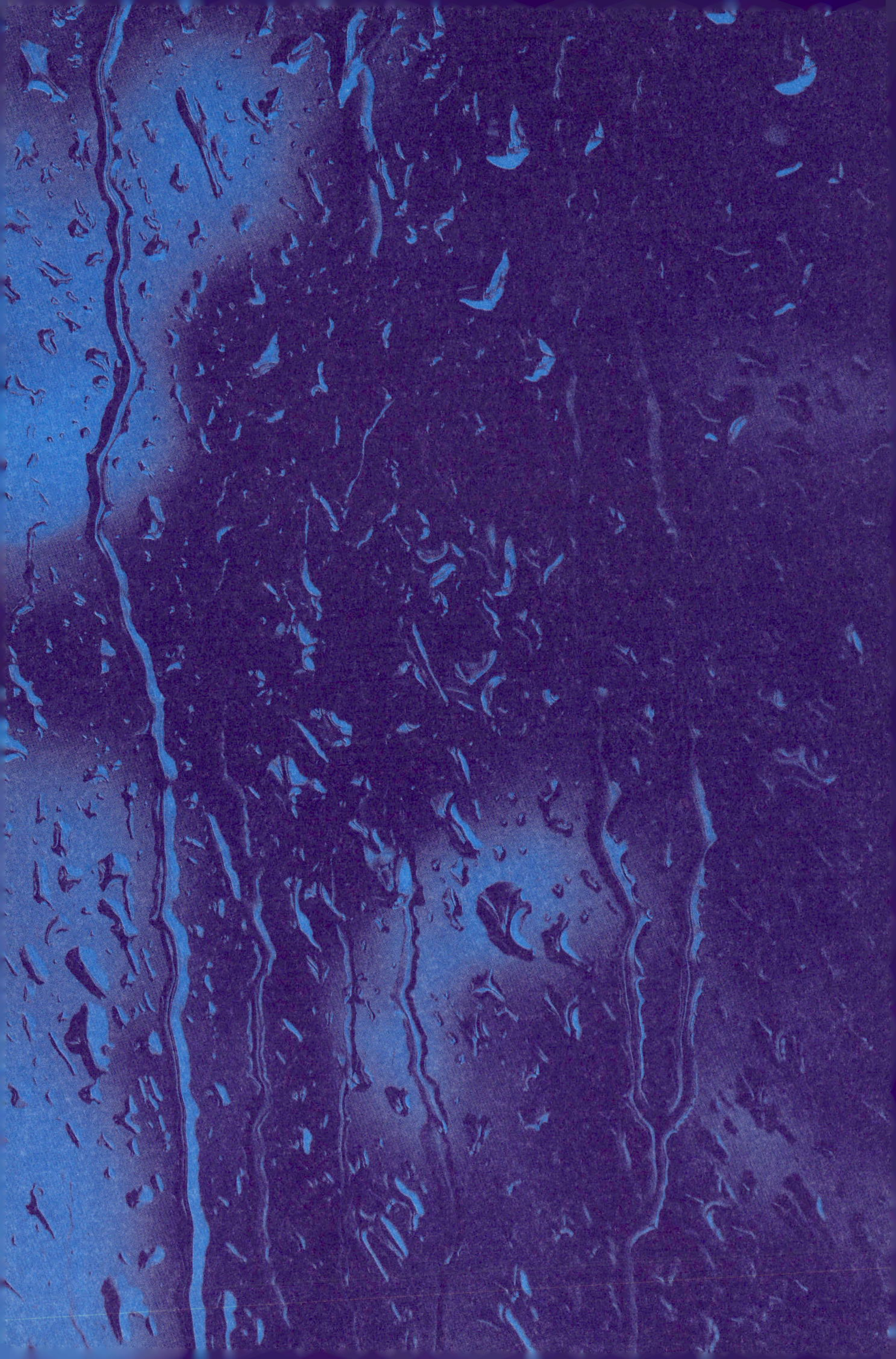

Ruth Fruchtman

Regen in Mailand

Der erste Urlaub seit der Hochzeit. Ganze drei Wochen hatten sie sich geleistet, waren hin- und hergetrabt, hatten die Sehenswürdigkeiten genossen, Museen, Ruinen, Kunstgalerien. Hatten sich gestritten, hatten sich wieder versöhnt. Sie hatte stundenlang in der Sonne gelegen. Hatte einen Sonnenstich bekommen, als die Sonne sich heimtückisch hinter den Wolken versteckt und sie spöttisch angelacht hatte. Ihr Mann konnte mit seiner hellen Haut weniger Sonne vertragen, setzte sich lieber mit einem Buch in den Schatten oder ging ins Wasser. Doch jetzt kehrten sie langsam in den Alltag zurück, dorthin wo die Sonne sich allzu selten zeigte.

Den Abend nun in Mailand verbringen, bevor sie in den Nachtzug einsteigen und weiterfahren würden. Sie traten aus dem Bahnhof, schauten auf den Stadtplan und liefen die Straße hinunter, die zur Kathedrale führte. Schau auch in die Hinterhöfe, wenn du durch die Stadt spazierst, hatte man ihr ans Herz gelegt. Dort gäbe es allerlei Kurioses, unerwartete Schätze. Vorsichtig warfen sie beim Gehen einen Blick hinein: Figuren aus Stein, Blumentöpfe, alte Keramik, Pflanzen, alles Mögliche. Wie leben diese Menschen hier? fragte sie sich. Geheimnisvolle Passagen, Durchgänge in andere Welten, ihr Mann fing an, Dante zu zitieren, Ovid, Lyrik aus dem alten Rom. Großartig die Kathedrale, sie blieben stehen, konnten nur noch bewundern.

Etwas für die Heimreise besorgen sollten sie auch noch, ihr wackeliges Italienisch, ach, wie nett die Leute hier sind, wie hilfsbereit, da verdüsterte sich der Himmel, auf einmal kam der Regen.

Aus dem Himmel geschüttet. Nicht Regen, wie sie ihn sonst kannten, nicht der Regen von daheim, mit dem sie aufgewachsen waren. Es war nicht einmal der berüchtigte „Schnürlregen", nein, dieser Regen war ein ganz anderer.

Er stürzte hinunter, ein dichter Vorhang aus Wasser, der sie einschloss und sich dann doch öffnete und weiterströmte. Sie trugen nur dünne Hosen, T-Shirts, Sommersandalen, hatten keinen Schirm dabei, während ihre Anoraks, ihre Regenkleidung, fest verschlossen im Gepäck am Bahnhof geblieben war. Sie waren im Nu völlig durchnässt. Andere Passanten waren auch unterwegs, ab und zu ging ein Regenschirm auf, doch die meisten, vermutlich Einheimische, liefen unbekümmert weiter, genauso ungeschützt wie sie.

Zieh den Mantel über, kamen die Stimmen, spann den Schirm auf. Worauf wartest du? Du kriegst eine Lungenentzündung. Schütz dich! Schütz dich vor dem Gewitter, vor dem Regen. Vor dem Wind. Vor dem Leben ...

„Gehen wir ins Café", schlug ihr Mann vor, „oder in eine Bar."

Nein. Sie schüttelte den Kopf. Ich will weiterlaufen – ja weiter, so ohne Schutz, sprach sie mit ihm, diesem Mann, der ihr Mann war. Sie sah ihn nicht zum ersten Mal missbilligend an.

Dann geschah es. Das Gefühl. Das Gefühl, das sie so lange vermisst, das ihr so lange gefehlt hatte – das Gefühl von Freiheit. Frei sein. Ja, frei. Plötzlich lachte sie auf, auf einmal war es ihr nicht wichtig, dass ihre Kleidung vor Nässe an ihr klebte. Und der Regen fiel, fiel noch immer, lief ihr die Wangen hinunter, in die Augen, in den Mund. Ihr Haar war nass, das ganze Gesicht. Doch das Gefühl war da, Freiheit und Glück. Sie fasste ihren Mann an der Hand, auch er lachte. Auch er war klitschnass, doch auch ihn schien es nicht zu kümmern. Die Hosen klebten ihnen an den Beinen, Hemden, T-Shirts, alles einerlei, ihre Sandalen füllten sich mit Wasser. Das ist es, rief sie. Wir sind frei! Wir sind frei!

Tanzen ja, ihre Füße bewegen sich wie im Tanz, springen und tanzen. Ihr ganzer Körper atmet. Ihre Haut leckt das Wasser, saugt den Regen auf. Warum kann es nicht immer so sein? Ich will, dass es so bleibt.

Doch jetzt seine Stimme wieder – schon kommt er zu sich. Schon der Zweifel.

„Amanda, denkst du nicht ..."

Nein, Amanda denkt es nicht. Sie fühlt nur, heute fühlt sie nur das, was sie bis jetzt nur alles versäumt hat.

Um sie herum die Stadt, die erleuchteten Geschäfte, Läden voller Versuchungen, es wird schon dunkel. Sie sollten jetzt zurück, der Weg zum Bahnhof ist lang, der Regen lässt nicht nach, doch sie spürt ihn nun sanft und warm auf der Haut. Fliegen, sie will fliegen, die Stunde anhalten, ja, sie ist befreit. Von der Enge befreit, die sie sonst festhält. Das Warten, das Sparen, der Alltag, der alles verschluckt und lähmt. Der Regen ist nicht eingeplant, es ist einfach ein Geschenk, ein Loslassen – ein Zu-sich-Kommen. Zauber, eine Zauberstadt, dieses Mailand – Milano.

Das müssen wir immer so haben, erklärt sie strahlend. So hat er sie noch nie erlebt.

Wenn es immer nur so sein könnte, wie jetzt, wie jetzt!

Sie laufen weiter, ihre Haut trinkt nun den Regen wie vorhin noch die Sonne. Ihr Mann versucht mit ihr Schritt zu halten. Die Freude lässt nicht nach. Die Straßenlaternen leuchten, Menschen tragen ihre Einkäufe nach Hause, Leben wie anderswo, denkt sie, doch hier ist nicht anderswo. Und das Leben kann anders sein, anders werden. Ich will, dass es anders wird. Ich will ein anderes Leben.

Vor ihnen nun der Hauptbahnhof, massig und grau.

Wir müssen es immer so haben, beschwört sie, so lange, so lange wie möglich, wir müssen – in ihrem Gesicht noch das Strahlen.

Sie holen ihr Gepäck aus den Schließfächern. Der Zug steht schon am Gleis.

Sie müssen sich umziehen, sie sollten sich umziehen, die nasse Kleidung abstreifen, trockene Sachen anziehen. Aber nein, sagt sie, nein. Ich will so bleiben.

Sie steigen in die Bahn, schleppen die Rucksäcke nach sich ins Abteil, das sich schon mit anderen jungen Leuten füllt, finden ihre Plätze. Der Zug setzt sich in Bewegung. Der Bahnhof verschwindet. Sie schaut durchs Fenster, der Regen fällt noch immer.

Ich will das noch anhalten, wiederholt sie, ich will die Zeit anhalten. Das Gefühl der Freiheit nicht loslassen, nicht verlieren. Wieder verlieren. Jetzt, da ich es gefunden habe, erlebe – ja, erlebe, in mir. Ich bin anders, anders ...

Die letzten Regentropfen fallen ihr noch vom Haar, perlen von den Wangen. Liebkosen ihr Mund und Nacken.

Nein, ich will mich nicht umziehen. Noch immer nicht. Lass mich bloß, lass mich in Ruhe! Es ist ihr nicht kalt, Hosen und Hemd beginnen schon zu trocknen.

Zwei Mädchen sitzen ihnen gegenüber, das dritte ist offenbar krank, muss sich übergeben, ihre Freundin begleitet sie hastig hinaus. Nach einer Weile kommen sie zurück, die Kranke soll sich hinlegen, alle machen Platz.

„Sie hat Wasser auf dem Land in Jordanien getrunken", erklärt ihre Freundin kopfschüttelnd. „Typhus also, gut möglich ..."

Doch selbst diese Nachricht beunruhigt Amanda nicht. Lieber so leben als dieses Sichere, Kleinkarierte ... Ihr Mann hebt die Augenbrauen. Doch auch er behält seine noch nasse Kleidung an. Wo sollten sie sich auch umziehen? In dieser Enge ist das ohnehin nicht möglich. Sie fahren durch die Nacht, alle halb im Sitzen, halb im Liegen. Doch sie läuft noch immer, in Mailand auf der Straße, erfüllt von Freude, von Freiheit, von Regen.

„Habt Ihr eine schöne Zeit gehabt?" fragten die Eltern, die Schwiegereltern, als sie zurück waren.

Er erzählte von den Sehenswürdigkeiten, von Menschen und Reisen, von der Seefahrt auf dem klapprigen Schiff. Er konnte gut erzählen, man hörte ihm gern zu.

Sie schwieg. Man war an ihr Schweigen gewöhnt. Noch lief sie in einer Kulisse von Wasser und Licht ...

Wegen der lange getragenen feuchten Kleidung hielt die Erkältung hartnäckig an. Ihre war jedoch keine einfache Erkältung, sondern ein tückischer Infekt, der sich nicht bändigen ließ.

„Das kommt davon", schimpfte ihre Mutter, die dampfende Suppe vorbeibrachte. „Das weißt du doch, du hättest dich umziehen sollen, nach dem Gewitter. Du hättest, du hättest ..."

Das weißt du doch, du passt nie auf. Das weißt du doch.

Kein Gewitter. Doch sie schwieg.

Frei. An dem Tag war ich frei. Da habe ich die Freiheit erkannt. Ja, das einzige Mal in meinem Leben? In Mailand, auf dem nassen Bürgersteig? Darf das so sein? Nein, das darf nicht, das darf nicht!

Sie sah ihren Mann an. Geht es ihm so wie mir, dann bleibe ich. Wenn nicht ...

Als der Infekt endlich ausgeheilt war, stellte es sich zur Überraschung aller heraus, dass ein Kind unterwegs war.

Vom Regen war sie schwanger geworden.

User:

Erzählung, nicht mehr als 10,000 Anschläge. Regen in Mailand. Ein junges Paar verbringt Stunden in Mailand, bevor sie nach Hause fahren. Es fängt an zu regnen. Durch den Regen erlebt die Frau ein Gefühl von Freiheit, auf das sie nicht verzichten will. Sie will ihr Leben verändern.

ChatGPT:

Der Himmel über Mailand öffnete seine Schleusen, als Anna und Marco durch die engen Gassen der Stadt schlenderten. Die feinen Regentropfen tanzten auf den Kopfsteinpflasterstraßen und den alten Gebäuden, während die beiden sich unter einem kleinen Café-Vordach Schutz suchten. Zwischen dem Plätschern des Regens und dem leisen Murmeln der Café-Gäste begannen Anna und Marco, ihre Gedanken zu teilen.

Anna, mit ihren dunklen Locken, starrte auf die sich kräuselnden Wasserpfützen. „Der Regen gibt mir ein Gefühl von Freiheit", sagte sie leise. Marco sah sie überrascht an, als ob er zum ersten Mal ihre innersten Gedanken hörte. Sie erklärte, wie der Regen, der alles reinigt, sie inspiriert habe, ihr Leben zu verändern.

Mit jedem Tropfen, der sanft auf ihr Gesicht fiel, wuchs Annas Entschlossenheit. Sie erzählte Marco von ihren Träumen, von Orten, die sie besuchen wollte, und von der Freiheit, die sie in ihrem Herzen spürte. Der Regen in Mailand wurde zu einer Metapher für ihre innere Reinigung, für den Wunsch nach Veränderung und Wachstum.

Nach Stunden, als der Regen nachließ, sah Marco Anna an und lächelte. Gemeinsam beschlossen sie, nicht mehr aufzuschieben, sondern ihre Träume zu verfolgen. Die feuchten Straßen von Mailand spiegelten nicht nur das Licht der Straßenlaternen, sondern auch die Entschlossenheit zweier Herzen, die bereit waren, den Regen als Symbol für einen Neuanfang zu nutzen. Gemeinsam fuhren sie durch die nassen Straßen nach Hause, wissend, dass dieser Tag im Regen von Mailand ihr Leben für immer verändert hatte.

Ilke S. Prick

Kathy's Song

Die Sommer meiner Kindheit waren eine Zeit der Grundfarben. Alles schien klar: Die Sonne glänzte in Sonnengelb, der Himmel strahlte in Himmelblau, und die Kirschen leuchteten nicht nur Süßkirschrot hoch oben im Baum, nein, sie schmeckten auch so süß, wie ein Rot schmecken muss, und füllten den Mund mit Lachen. Mit Harken bewaffnet übten wir uns im Mundraub, die Zinken in den Blättern verfangen, um die Äste auf Vorschulkindergröße hinabzubiegen und die besten Kirschen den Staren zu stehlen, die noch mit der Plünderung der Schattenmorellen beschäftigt waren. Die Sommer meiner Kindheit gaben vor, unendlich zu sein, mit einem Himmel, der sich in die nicht enden wollende Weite wölbte, und einer Sonne, die noch schien, als wir den Kampf gegen unsere Müdigkeit bereits verloren hatten und im Halbschlaf in unsere Betten krochen, sicher, dass der morgige Tag ebenso süß, bunt und unendlich sein würde.

Im Farbkasten meiner Kindheit waren die Grundfarben leider schnell verbraucht, denn das Blau war nicht unendlich wie der Himmel im Sommer und auch Gelb und Rot hielten nicht bis zum Herbst. Doch passten die verblassenden Farben zu den kürzer werdenden Tagen. Passten zum Ende des Sommers, zum beginnenden Schulalltag und zur Vernunft, die einzog mit dem Klang der Glocke, die fortan jede Unterrichtsstunde einläutete.

Die Sommer meiner Schulzeit lehrten mich vieles über Farben und zeigten mir, dass die Grundfarben nur ein kleiner Teil eines viel größeren Spektrums sind. Dass zwischen ihnen noch Sekundärfarben existieren, die aus den eindeutigen Farben der Kinderwelt ein Ganzes machen. Sie ergänzten fortan mein Leben, ergaben ein Alles-in-Allem, ein Sowohl-als-Auch, das dazugehört, wenn man älter wird. Noch später entdeckte ich schließlich, dass eine Mischung aus allen Primärfarben etwas ganz Eigenes entstehen lässt. Denn mischt man Blau, Gelb und Rot, erhält man Grau. Und hier kommt der Regen ins Spiel.

Die Sommer meiner Jugend waren eine sehr eigene Zeit. Dachte ich als Kind, dass die Sonne immer gelb, der Himmel immer blau wäre und alle Sommer ein Fest im Garten seien, lehrte mich die Jugend die Schönheit des Graus. Die bunten Farben wurden zur Seite gelegt. Es begann die Zeit von Bleistift, Kohle und Graphit, eine Zeit des himmelgrauen Sehnens. Und das hing zusammen mit einem Paar blauer Augen, Haaren hell wie ein Gerstenfeld und einem Kirschmund, lachend im Sommersprossengesicht. Am meisten aber lag es an dem Song, diesem einen, der das himmelgraue Sehnen begleitete. Es lag an *Kathy's Song*.

Wie dumm, sich direkt vor den Sommerferien zu verlieben. Wobei dies erste Verlieben in meinem Fall eher so war: Ich hatte mein Herz in der letzten Schulwoche – teils aus Langeweile, teils aus Neugier – hoch in die Luft geworfen, und im Sturzflug traf es auf die Person, die einfach nur günstig im Weg stand. Mein Herz wurde nicht aufgefangen und nicht willkommen geheißen. Seine Landung wurde vermutlich noch nicht einmal bemerkt. Doch ich, ich hatte ein Ziel gefunden für all meine umherschweifenden Gedanken, die ohne Mathe und Bio in den kommenden Wochen nichts anderes zu tun hatten, als sich um diese eine Person zu spinnen. Eine Person, die ich die ganzen Ferien über nicht sah.

Der Sommer in jenem Jahr war kühl und grau. Kein blauer Himmel, keine gelbe Sonne, und auch der Kirschbaum trug nur wenig Früchte. Dafür hatte ich einen neuen Plattenspieler und von einer Freundin ihre LP von Simon and Garfunkel. Sanfter Regen fiel wie eine Ballade auf die Dachziegel und malte Geschichten an meine Fensterscheibe. Ich setzte den Tonarm auf und summte mich durch alle Hits, die ich bereits kannte, bis ich auf der B-Seite auf dieses Lied stieß, das ich noch nie gehört hatte und das mich nie wieder loslassen sollte. Das Lied, das von einem sanften Regen erzählte, der wie Erinnerungen auf Dächer fällt, warm und beharrlich.

Mein Herz stockte. Es fühlte sich an, als wäre dieser Song nicht für eine Kathy geschrieben, sondern für mich, die ich am Fenster saß und mich sehnte in den schiefergrauen Nachmittag hinaus. Als wäre dieser Regen in den Liedzeilen *mein* Regen, als ginge es um *mein* Dach, auf das er fiel. Als wären die besungenen Erinnerungen *meine* Erinnerungen an das Sommersprossengesicht. Leider besaß mein Plattenspieler keine Automatik, mit der man den Tonarm vorsichtig betätigen konnte, und so musste ich nach knapp dreieinhalb Minuten bittersüßem Regensehnens von meinem Logenplatz am Fenster aufstehen und den Tonarm manuell versetzen, um den Song, diesen einen, *meinen* Song, noch einmal zu hören. Und noch einmal und noch einmal. Rückblickend tut mir die geliehene LP ein wenig leid, doch meine Freundin hat sich nie beschwert, dass die B-Seite bei der Rückgabe etwas mitgenommen war, denn sie hatte bereits auf der A-Seite *ihre* Lieblingssongs markiert.

Die Liebe, die noch nicht entstandene, die nicht erwiderte, die vergebliche, und der Regen gehörten für mich zusammen. Die Gefühle, die nicht nach bunten Farben verlangen, sondern erst im Grau eines Regentages aufblühen. Die an Tiefe gewinnen mit den verschiedenen Schattierungen des verhangenen Himmels und sich entfalten zum Klang der fallenden Tropfen.

Wie aber ist das heute, wo Regen oft gar nicht oder wenn, dann in Strömen fällt? Wie kann man sich in den viel zu heißen und nicht enden wollenden Sommern noch himmelgrau sehen? Wie kann man in seinen Gedanken und einer samtgrauen Melancholie versinken, wenn Sturzbäche die Dachrinnen überfluten, Überschwemmungen drohen und die Zeit nicht damit verbracht werden kann, die leisen Geschichten der Tropfen am Fensterglas zu dechiffrieren? Wenn es nur noch ein Entweder-Oder und kein Dazwischen mehr gibt? Ändert sich die Liebe dadurch? Würde *Kathy's Song* heute anders geschrieben werden? Würde er überhaupt entstehen?

Ich bin froh über meine Regensommer, ihre Sanftheit und die Grautöne der Gefühle. Ich bin froh über die Erinnerungen, auch wenn ich zugeben muss, dass noch vor den Herbstferien das Sommersprossengesicht, nach dem ich mich in jenem Sommer so sehr gesehnt hatte, aus meinen Gedanken ausradiert und ersetzt war durch ein anderes, nach dem ich mich vielleicht noch mehr sehnen konnte. Das Lied über Regentropfen, die ihre müden Pfade an meine Fensterscheibe weben, war jedoch nicht verklungen. Ebenso wenig wie jenes Gefühl, das traurig-schöne, himmelgraue. Beides blieb.

Manchmal klingt noch heute *Kathy's Song* in meinem Kopf, wenn ich den seltenen sanften Regen höre, der leise auf die Blätter der Kastanie im Hof fällt. Wenn ich den Geruch von feuchter Erde nach an einem verregneten Sommertag in der Nase habe. Wenn graue Wolken Gesichter in den Himmel malen, und die Tropfen an der Fensterscheibe eine Geschichte erzählen. Es ist alles noch da. Ich muss einfach nur zuhören.

User:

Schreibe eine Geschichte über eine Frau, die sich beim Blick auf die Regentropfen an ihrer Fensterscheibe an die bunten Farben im Garten ihrer Kindheit, an ihre Schulzeit, ihre erste Schulhofliebe und einen grauen, verregneten Sommer in ihrer Jugend erinnert, in dem sie Kathy's Song von Simon und Garfunkel gehört hat.

ChatGPT:

```
Es war ein trüber Nachmittag, als Sophie am Fenster
stand und die Regentropfen beobachtete, wie sie in
wilden Mustern über die Scheibe tanzten. Jeder Tropfen
erzählte eine Geschichte, und in ihnen sah sie die
Erinnerungen an vergangene Zeiten aufblitzen.
```

Die Regentropfen ließen sie an den bunten, duftenden Garten ihrer Kindheit denken. Dort hatte sie unbeschwerte Tage verbracht, umgeben von Blumen in allen Farben des Regenbogens. Der Regen kitzelte die Erde, und die frische Luft roch nach Freiheit und Abenteuer.

Dann zogen ihre Gedanken weiter zu ihrer Schulzeit, zu den Gängen und Klassenzimmern, in denen sie so viel gelernt und erlebt hatte. Sie erinnerte sich an die aufregenden Prüfungen, an Freunde, die zu Verbündeten fürs Leben wurden, und an Lehrer, die sie inspirierten.

Eine besondere Erinnerung ließ ihr Herz schneller schlagen – die erste Liebe auf dem Schulhof. Ein junger Mann mit einem schüchternen Lächeln hatte ihr Herz erobert. Sie fühlte noch immer das Kribbeln im Bauch, als sie an die heimlichen Blicke und die ersten schüchternen Annäherungsversuche dachte.

Doch dann blitzte eine Erinnerung an einen grauen, verregneten Sommer in ihrer Jugend auf. Dieser Sommer war geprägt von unzähligen Regentagen, an denen sie sich oft in ihrem Zimmer verkroch. Doch gerade in diesen Momenten der Einsamkeit entdeckte sie Trost in der Musik. Es war während eines dieser regnerischen Tage, als sie das Lied „Kathy's Song" von Simon und Garfunkel hörte. Die sanften Klänge und melancholischen Texte drangen tief in ihre Seele ein und schufen eine Verbindung zu ihren eigenen Gefühlen.

Die Erinnerungen an den Regen im Garten ihrer Kindheit, an die Schulzeit, die erste Liebe und den grauen Sommer vermischten sich zu einem bunten Mosaik in Sophies Gedanken. Diese Erinnerungen ließen sie

lächeln und fühlten sich gleichzeitig so nah und doch
so fern an.

Als die Regentropfen langsam verebbten und die Sonne
langsam durch die Wolken brach, fühlte Sophie eine
tiefe Dankbarkeit für die Vielfalt an Erinnerungen,
die sie geprägt hatten. Sie wusste, dass diese Erinnerungen sie für immer begleiten würden, wie ein
kostbarer Schatz, der im Herzen aufbewahrt wurde.

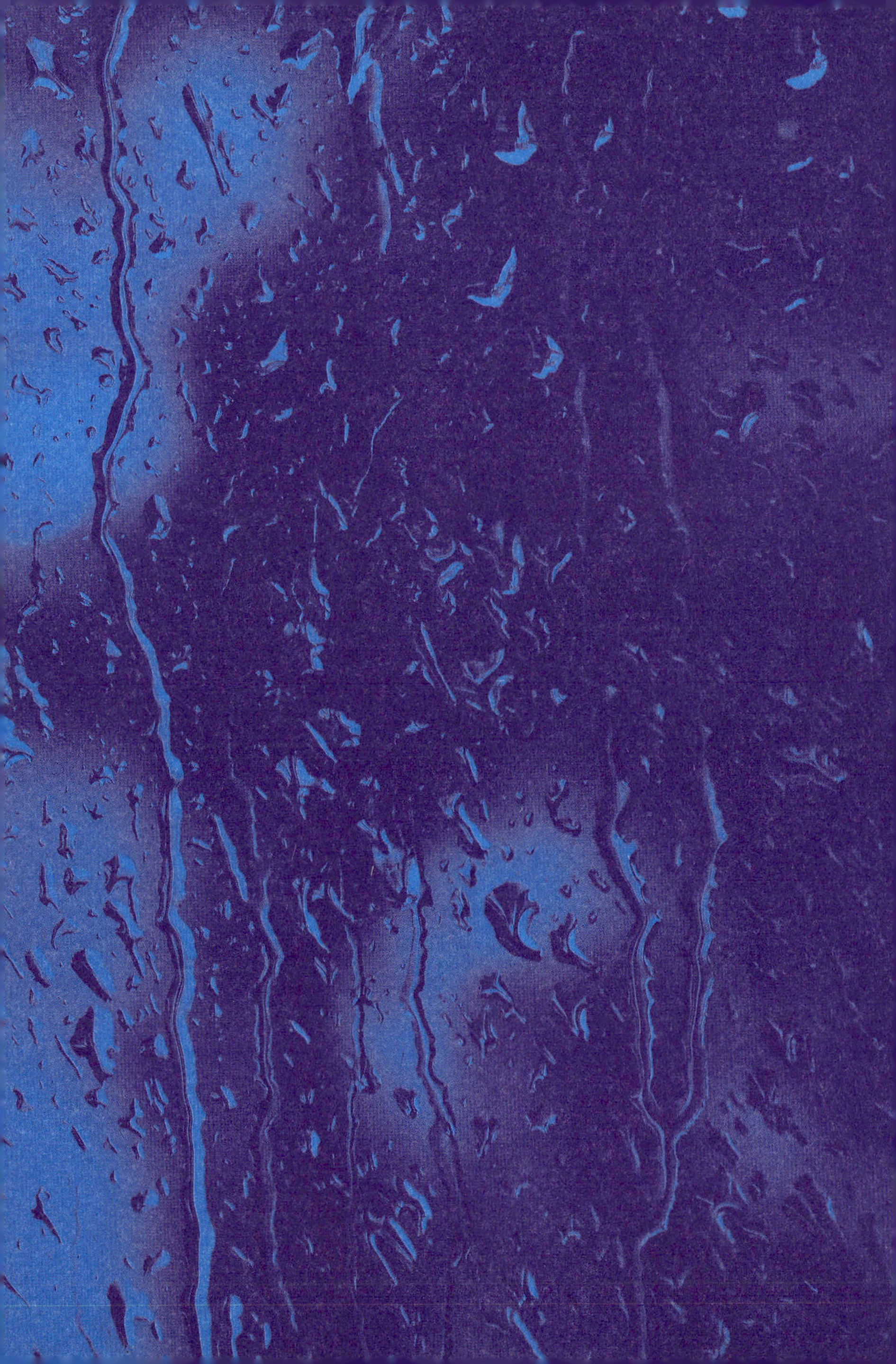

Josephina Vargas W. & Co.

Regen Variationen I – XX
Gedichte – Auswahl

I

Der Regen
warnt

fällt leise
und sagt:
macht so nicht weiter

bevor
anderswo
das Wasser
bedrohlicher
erscheint

III

Im Wald
ist der Regen
eine besondere Art
von tarnender Pflanze

immer da
und
doch
abwesend

IV

(Die nackte Schwimmerin)

Habe keine Kleidung
als den Regen
und gehe

durch die Menschenmenge

wie einst
die Könige

in den Märchen

VI

Weg
war es
endlich
mit dem Regen

erst mal verhasst
und beschimpft

dann
schrecklich vermisst
und begehrt

wegen
der unbarmherzigen
Melancholie

VII

Als ich
auf dich wartete
regnete es

wieder

das machte mich
nervös
und ungeduldig

und
in diesem
unfassbaren Zustand

zwischen
Hass und Liebe

schrieb ich

unaussprechliche
Gedichte

X

Bist
du
so
ein
Gott
wie
der
Wald
?

Für
mich
bist
du
auch
Wald

nur
ohne
Eichen
Birken
und
Vögel Chor

dagegen
kristallartig
hautnah

zu spüren

mal wärmer
mal kälter

durch
deine
gläserne
Lichtung
wandere
ich
gerne
und
helle
da
drinnen
mein
unruhiges
Herz

XIV

In
einem
der
schönsten
Prologe
eines
Romans
den
ich
je

gelesen
habe
beschreibt
der Autor
Dürre

und
die
Trockenheit
des
menschlichen
Lebens

wäre
es
vielleicht
anders
gewesen
hätte
es
dort
geregnet
?

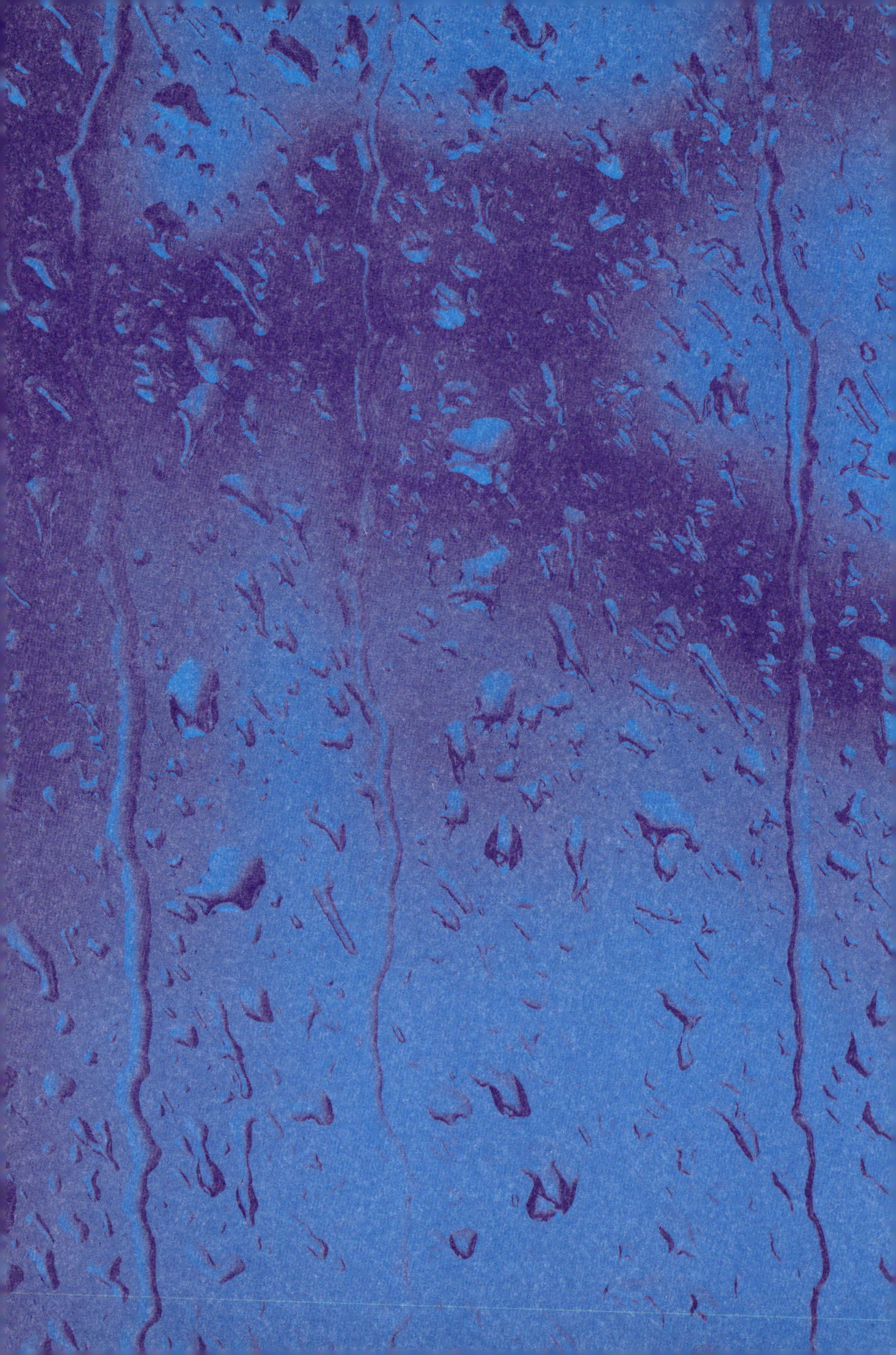

Edeltraud Schönfeldt

Augustregen 1

Rauscht nass,
roter Regenschirm kurzhalsig übern Rucksack geklemmt,
die Gullys verstopft,
rauscht mächtig,
wie immer von Westen der Wind.
Halbe Tage lang trag ich die blaue Regenjacke
überm Arm, Kapuze und Ärmel
schleifen übern Asphalt,
und höher gerafft und an mich gepresst.
Gießt erst runter, nachdem ich
die sechzig Stufen hochgeklommen bin,
außer ich lasse die Jacke daheim.
Dunkelgraue Schwaden
über immer noch Sommergrün,
backsteinrot eckig davor der Schornstein,
in dem die Bussarde brüten.

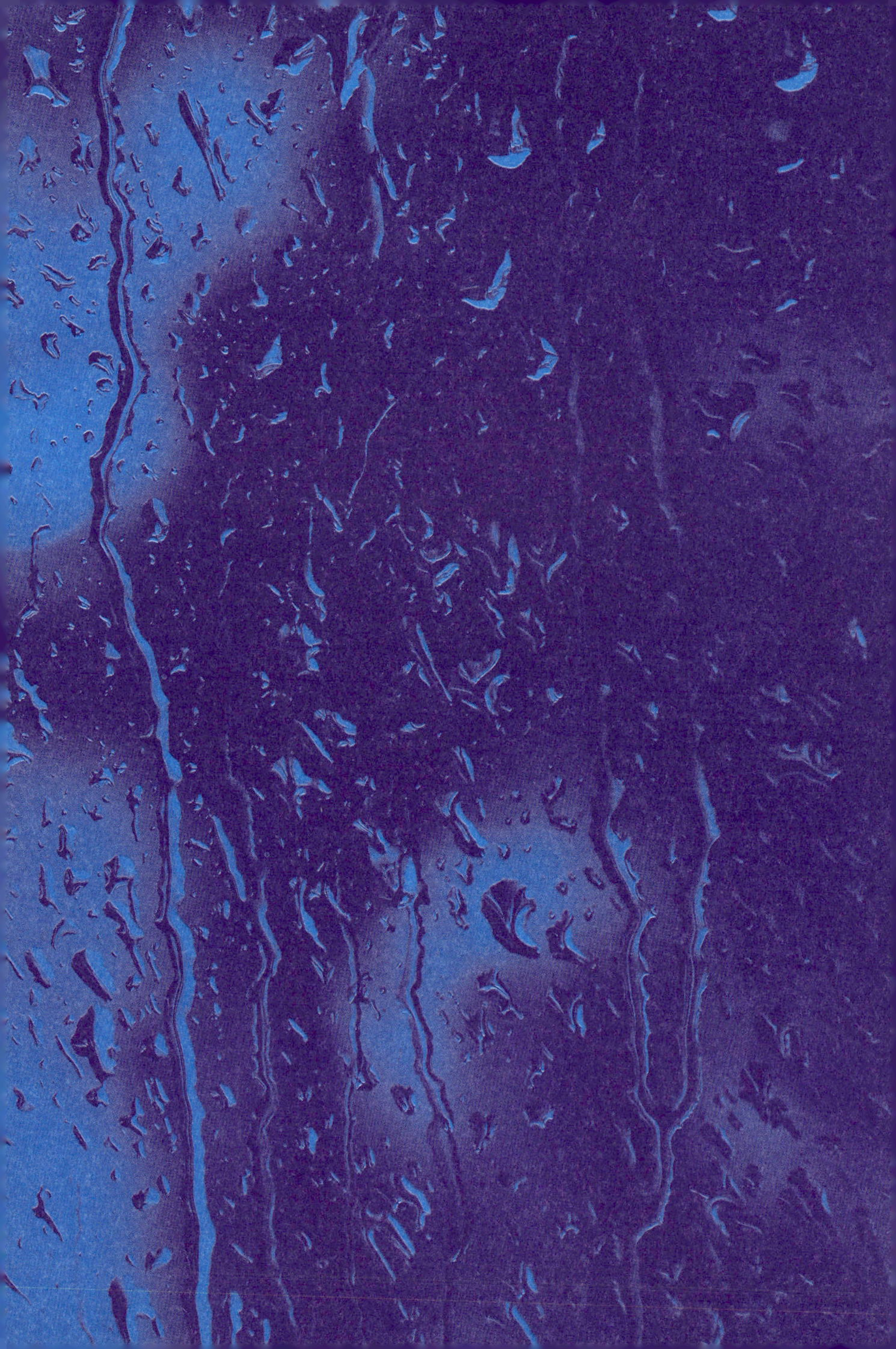

Orla Wolf

Regengeschichte

Sie hatten den Flughafen schon fast erreicht, als Richmond den Anruf erhielt: „10 Uhr. *Villa Laffon*. Wir erwarten Sie pünktlich!", tönte es aus den Lautsprechern seines Telefons. Der Fahrer warf ihm im Rückspiegel einen prüfenden Blick zu. Er hat es also gehört, dachte Richmond. Eben noch hatte er ihm erzählt, in gut drei Stunden nach New York zu fliegen, um der Hochzeit seiner Tochter Jackie beizuwohnen, die Henry, einen Nachfahren des Earl of Snowdon, heiraten wollte.

Wie sich später herausstellen sollte, war dieser Anruf fingiert und sollte als Vorwand dienen, gar nicht fliegen zu müssen. Richmond würde zu einem späteren Zeitpunkt einem Polizeibeamten namens Jean Journet gegenüber zu Protokoll geben, jemanden beauftragt zu haben, ihn auf seinem Weg zum Flughafen anzurufen. Richmond instruierte daraufhin den Taxifahrer, augenblicklich umzudrehen und nach Paris zurückzufahren.

Er ließ in New York anrufen. Und man verschob die Hochzeit.

Angefangen hatte alles mit einem etwa einstündigen, sintflutartigen Regen, der schließlich die Avenue des Champs-Élysées mitsamt ihren Seitenstraßen flutete, sodass Richmonds Zimmer im *Hôtel George* für mehrere Stunden gar nicht zugänglich war. Er war gestern um kurz nach fünf aus Tokio gekommen, hatte am Flughafen gefrühstückt und war dann zum *George* gefahren. Das Zimmer stand schon für ihn bereit. Er nahm ein Bad, das nach Lavendel roch, und ging dann ins Spa, wo er mehrere Saunagänge machte und sich mit einem Buch *Über die Anatomie des Pfaus* auf der Dachterrasse entspannte. Später ließ er den Tag mit einer guten Flasche Château Margaux ausklingen.

Am nächsten Morgen weckte man ihn um sieben und servierte ihm ein Frühstück, das aus drei pochierten Eiern bestand. Währenddessen las er eine walisische Erzählung, die ihm mäßig gefiel, bis ihn um Punkt neun ein Fahrer abholte – und ihn nun tatsächlich zur *Villa Laffon* brachte. Dort erwartete man ihn zu einer geheimen Unterredung, in der es um einen lang zurückliegenden Vorfall ging, über den er zwar manchmal nachdachte, aber nie sprach.

Als er die *Villa* gegen 16 Uhr verließ, hatte man ihn schon über die Wassermassen auf der Avenue des Champs-Élysées unterrichtet. Richmond, mit seinem blauen Anzug und braunen, italienischen Schnürschuhen gegen den Regen schlecht ausgestattet, kämpfte sich durch die riesigen Pfützen und Pools auf den Straßen, um nach einer gefühlten Ewigkeit schließlich doch zu seinem Hotel zu kommen. Nach dieser Odyssee wollte er sich nur kurz umziehen, ein wenig frisch machen, um dann zum Flughafen zu fahren. Eine Nebenstrecke dorthin war frei. Das hatte er schon prüfen lassen.

Als er in sein Zimmer kam, sah er, dass der Regen auch hier gewütet hatte. Die reich verzierten Holzfenster hatten ihm nicht standgehalten, und von den schweren Samtgardinen tropfte es auf das Fischgrätparkett. Er packte alles notdürftig zusammen und ging zu den Aufzügen, die jedoch ausgefallen waren. Er nahm die Treppe. Unten angekommen, ließ er ein Taxi rufen.

Der Taxifahrer, ein deutscher Student namens Karl, der am Tag zuvor direkt nach dem fingierten Anruf mitten auf dem Flughafenzubringer in einem waghalsigen Manöver gewendet hatte, begrüßte ihn lächelnd. „You always meet twice in life", sagte er und verstaute sein Gepäck im Kofferraum. Der Satz klang freundlich, aber Richmond verstand nicht, was Karl damit meinte. Anyway!

Geschickt fand Karl einen Weg abseits der Wassermassen. Das war es doch, was jetzt zählte! Allmählich wurde Richmond ruhiger, ließ sich in das weiche Sitzpolster fallen und schloss die Augen. Plötzlich, vielleicht war er gerade eingeschlafen, hatte er ein brennendes Flugzeug vor

Augen. Er roch Kerosin, so stechend, dass er das Fenster öffnete und Karl instruierte, die Fahrt nach Charles de Gaulle augenblicklich abzubrechen und stattdessen zum *Hôtel Etoile* zu fahren, das etwas höher und weiter außerhalb des Stadtzentrums lag. Hoffentlich war das Wasser nicht bis dort gekommen.

Das *Hôtel Etoile*, sein zweitliebstes Hotel in Paris, befand sich in der Rue Vide mit Blick auf einen tulpenumstandenen Platz, dessen Namen er sich nie merken konnte.

Das Zimmer war geräumig und hell wie immer. Nachdem er das Bad inspiziert hatte, stellte er sich vor den großen Spiegel im Schlafzimmer. Sein Bild war verschwommen. Und dann verstand er, dass das Schlieren waren, die – so seine Vermutung – vom Regen stammten. Er ging ins Bad, holte ein Handtuch und reinigte den Spiegel. Jetzt sah er sich selbst darin vor einem Spiegel stehen, und dieses Bild setzte sich unendlich fort. Richmond wippte von einem Fuß auf den anderen. Er wusste nicht so recht, was er davon halten sollte. Als er sich schließlich umdrehte und Richtung Fenster ging, sah er auf dem Beistelltisch einen Umschlag liegen. Der Brief war an ihn adressiert – *Philipp Richmond, Paris*. Er las den Brief. Er kannte die Schrift. Die Unterschrift auch – es war seine.

Am nächsten Tag zog er aus dem Zimmer, das ihm ein wenig unberechenbar erschien, in das Penthouse des Hotels.

Wieder ließ er in New York anrufen. Und man verschob die Hochzeit.

Das Penthouse des *Hôtel Etoile* war eigentlich eine ganze Penthouse-Einheit, genannt *Penthouse-Penthouse*. Dort lebte er drei Monate lang. Während dieser Zeit sprach er mit niemandem, außer der Frau im Aufzug, die ihm irgendwie bekannt vorkam. Sie hatte sich ihm vor einigen Tagen als Susan vorgestellt und war immer im Aufzug, wenn er damit fuhr.

„Guten Morgen, Susan."

„Bonjour, Philipp."

„Schon so früh auf den Beinen?"

„Immer, Philipp. Immer. Ja, wo kämen wir denn sonst hin?"

„Interessante Frage. Wohin kämen wir denn dann?"
„Das, lieber Philipp, möchten Sie gar nicht wissen."
Dieser Satz verunsicherte und reizte ihn zugleich, und er freute sich jeden Tag aufs Neue, ihn wieder zu hören.

Und dann, es war der Sonntag, an dem er nach Monaten mal wieder seinen geliebten Tweedmantel trug, weil es allmählich kühler wurde, fiel ihm plötzlich ein, woher er Susan kannte.

Er ging in sein *Penthouse-Penthouse*, nahm den Hörer ab und rief das Kommissariat an.

Vor genau fünfundzwanzig Jahren hatte er hier in Paris eine Aktion initiiert, die man nicht hatte vereiteln können. Eine Gruppe von Narratoren, der er vorstand, war in die *Villa Laffon*, das damalige Geheime Staatsarchiv, eingedrungen. Und noch bevor ein Sondereinsatzkommando der Pariser Polizei eintraf, hatte die Gruppe um Richmond geschichtliche Schlüsseldaten gelöscht, verändert oder gleich völlig umgeschrieben. Sie hatten Geschichte geschrieben und entkamen unerkannt.

Damals setzte man von offizieller Seite alles daran, diesen folgenschweren Vorfall zu vertuschen. Aber jemand in der Gruppe hatte eine Kamera dabei und machte Fotos von der Aktion. Es war eine Frau mit feuerrotem Haar, schlank und ganz in Schwarz gekleidet. Jetzt sah er wieder, wie sie sich geschickt über die geänderten Akten, Urkunden und Datensätze beugte und seelenruhig ihre Fotos machte. Die Frau war Susan. Und am Ende war es Richmond selbst, der ihr die Kamera entriss, um sie bei Einbruch der Dunkelheit in der Seine zu versenken.

Jahre später erfuhr er aus gut informierten Kreisen, dass Taucher eine wasserdichte Kamera in der Seine gefunden hatten.

Er selbst hatte damals in der *Villa Laffon* einen Hemdknopf verloren. Dieser lag, fast vergessen, in einer Asservatenkammer am Place de la Concorde, bis man ihn mit Entdecken eines neuen DNA-Analyseverfahrens wieder hervorholte – und Richmond nach all den Jahren doch noch auf die Schliche kam. Kamera und Knopf erzählten ihre ganz eigene Geschichte.

Die Polizei bat ihn also, zum Kommissariat zu kommen, um *seine* Geschichte zu erzählen.

Wieder ließ er in New York anrufen. Und man verschob die Hochzeit.

Ein junger Beamter namens Jean Journet hörte ihm lange ruhig zu, beugte sich dann ein wenig vor und fragte: „Und das ist wirklich genau so passiert?"

Richmond nickte. Jean Journet fragte ihn weiter, was er heute über die Geschehnisse von damals dachte.

„Nichts", entgegnete Richmond. Jetzt nickte Journet und machte sich eine Notiz.

Dann brachten sie ihn in ein anderes Zimmer. Wieder ließ er in New York anrufen, diesmal in Anwesenheit von drei Beamten. Und wieder verschob man die Hochzeit.

Und als einer der Beamten, er trug eine riesige schwarze Brille, die ihn an irgendeinen slowenischen Komponisten erinnerte, schließlich den Namen *Jackie Richmond* in das System eingab, stellte sich heraus, dass es eine Tochter dieses Namens gar nicht gab. Und es stellte sich weiter heraus, dass vieles, wenn nicht alles an Richmonds Geschichte frei erfunden war. Und dieser räumte ganz nebenbei ein, eigentlich in einem vollkommen leeren Penthouse in einem vollkommen leeren Hotel in einer vollkommen leeren Straße zu wohnen. Von der Stadt selbst vermutete er Ähnliches. Die Beamten berieten sich.

Und noch einmal ließ er in New York anrufen, und man verschob die Hochzeit.

Richmonds Geschichte zog immer weitere Kreise und machte auch vor Jean Journet, dem Taxifahrer Karl, Susan und schließlich Richmond selbst nicht halt.

Und sie reichte dann schon bald bis weit über die Stadt hinaus, wo es auch heute immer noch regnet.

User:

Schreibe eine fiktive Geschichte über Philipp Richmond, der aufgrund eines sintflutartigen Regens in Paris festsitzt und deshalb die Hochzeit seiner Tochter Jackie, die in New York stattfinden soll, mehrmals verschieben muss. In seinem Hotel trifft er Susan wieder, mit der er vor fünfundzwanzig Jahren in einen Komplott verstrickt war, bei dem im Pariser *Geheimen Staatsarchiv* geschichtliche Daten gelöscht und verändert wurden. Schließlich stellt sich heraus, dass es Jackie gar nicht gibt und auch alle anderen Personen in Richmonds Geschichte nicht existieren. Aber es regnet weiter.

ChatGPT:

Philipp Richmond saß frustriert in seinem Hotelzimmer in Paris und starrte aus dem Fenster auf den sintflutartigen Regen, der die Stadt seit Tagen heimsuchte. Er konnte es kaum fassen, dass er aufgrund dieses Unwetters die Hochzeit seiner geliebten Tochter Jackie, die in New York stattfinden sollte, bereits zum dritten Mal verschieben musste.

Die Gedanken wanderten zurück in die Vergangenheit, als er vor fünfundzwanzig Jahren mit Susan, einer geheimnisvollen Frau, in einen gefährlichen Komplott verwickelt war. Gemeinsam hatten sie im Pariser *Geheimen Staatsarchiv* gearbeitet und historische Daten gelöscht und verändert. Damals hatte Philipp keine Ahnung gehabt, welche Konsequenzen diese Handlungen haben würden.

Plötzlich klopfte es an der Tür seines Hotelzimmers. Philipp öffnete und konnte seinen Augen kaum trauen – vor ihm stand Susan. Die Jahre hatten ihre Spuren hinterlassen, aber ihr Blick war noch genauso durchdringend wie damals. „Philipp", flüsterte sie leise, „es ist Zeit für die Wahrheit."

Sie setzten sich in das kleine Wohnzimmer des Hotelzimmers und Susan begann zu erzählen. Sie enthüllte eine unglaubliche Verschwörung, bei der nicht nur historische Daten manipuliert wurden, sondern auch Menschen ausgelöscht wurden – Menschen wie Jackie und all die anderen Personen in Richmonds Geschichte.

Philipp konnte es nicht fassen. Seine Tochter existierte gar nicht? All die Erinnerungen an ihre gemeinsame Zeit waren nur Illusionen? Es fühlte sich an, als würde der Boden unter ihm weggezogen werden.

Doch während er noch versuchte, die Wahrheit zu begreifen, hörte er das Trommeln des Regens gegen das Fenster. Es regnete immer noch. Die Welt schien sich gegen ihn verschworen zu haben.

Susan ergriff seine Hand und sah ihm tief in die Augen. „Philipp, wir müssen handeln. Wir müssen herausfinden, wer hinter all dem steckt und wie wir diese Illusion beenden können."

Philipp nickte langsam und spürte, wie sich Entschlossenheit in ihm regte. Er hatte so viele Jahre damit verbracht, die Vergangenheit zu verdrängen und sich auf seine Familie zu konzentrieren. Doch nun wurde ihm klar, dass er nicht länger vor der Wahrheit fliehen konnte.

Gemeinsam mit Susan begann er, die Puzzleteile ihrer Vergangenheit zusammenzusetzen. Sie erinnerten sich an ihre damaligen Kollegen im *Geheimen Staatsarchiv* und an die mysteriösen Vorfälle, die sie erlebt hatten. Es schien, als ob jemand mit Macht und Einfluss versuchte, die Geschichte nach seinem Willen zu formen.

Sie beschlossen, nach Paris zurückzukehren und das *Geheime Staatsarchiv* erneut zu besuchen. Vielleicht gab es dort noch Hinweise oder Spuren, die ihnen helfen konnten, die Wahrheit ans Licht zu bringen.

Als sie das Archiv betraten, fühlten sie eine unheimliche Stille in den Räumen. Die Flure waren leer und das Licht gedämpft. Es war fast so, als ob das Gebäude selbst ihre Anwesenheit spürte und sich vor ihnen verschloss.

Doch Philipp und Susan ließen sich nicht entmutigen. Sie durchsuchten jeden Raum, jede Schublade und jeden Aktenschrank nach Beweisen für die Verschwörung. Und tatsächlich wurden sie fündig.

In einem versteckten Raum stießen sie auf Dokumente, die bewiesen, dass historische Daten manipuliert worden waren. Es gab Aufzeichnungen über Personen, die nie existiert hatten – darunter auch Jackie.

Die Erkenntnis traf Philipp wie ein Schlag. Seine Tochter, die er so sehr geliebt hatte, war nur eine Erfindung gewesen. Doch anstatt in Verzweiflung zu versinken, wuchs sein Entschluss, die Wahrheit ans Licht zu bringen.

Sie machten sich daran, Beweise zu sammeln und Informationen über die Drahtzieher der Verschwörung zu finden. Dabei stießen sie auf immer mehr Hinweise, dass es sich um eine weitreichende Organisation handelte.

Die Regenfälle in Paris hörten nicht auf, aber Philipp und Susan ließen sich davon nicht entmutigen. Sie wussten, dass sie die Wahrheit ans Licht bringen mussten, koste es, was es wolle.

Mit den gesammelten Beweisen begaben sie sich zu den Behörden und enthüllten die Verschwörung. Es stellte sich heraus, dass hochrangige Politiker und einflussreiche Persönlichkeiten in den Skandal verwickelt waren. Die Öffentlichkeit war schockiert über das Ausmaß der Manipulationen und forderte Gerechtigkeit.

Die Ermittlungen wurden intensiviert und die Verantwortlichen zur Rechenschaft gezogen. Das *Geheime Staatsarchiv* wurde reformiert und Sicherheitsvorkehrungen wurden verschärft, um solche Vorfälle in Zukunft zu verhindern.

Philipp fand Trost darin, dass er zwar seine Tochter Jackie verloren hatte, aber gleichzeitig auch eine neue Verbundenheit mit Susan entwickelte. Gemeinsam beschlossen sie, ihre Vergangenheit hinter sich zu lassen und nach vorne zu blicken.

Der Regen in Paris hörte schließlich auf und die Sonne brach durch die Wolken. Es war ein Symbol für einen Neuanfang – für Philipp, Susan und für all jene, deren Leben von der Verschwörung beeinflusst worden war.

Und so endete die Geschichte von Philipp Richmond, der aufgrund eines sintflutartigen Regens in Paris festsaß und dessen Welt durch eine mysteriöse Verschwörung erschüttert wurde. Doch aus den Trümmern erhob sich die Wahrheit und mit ihr die Hoffnung auf eine bessere Zukunft.

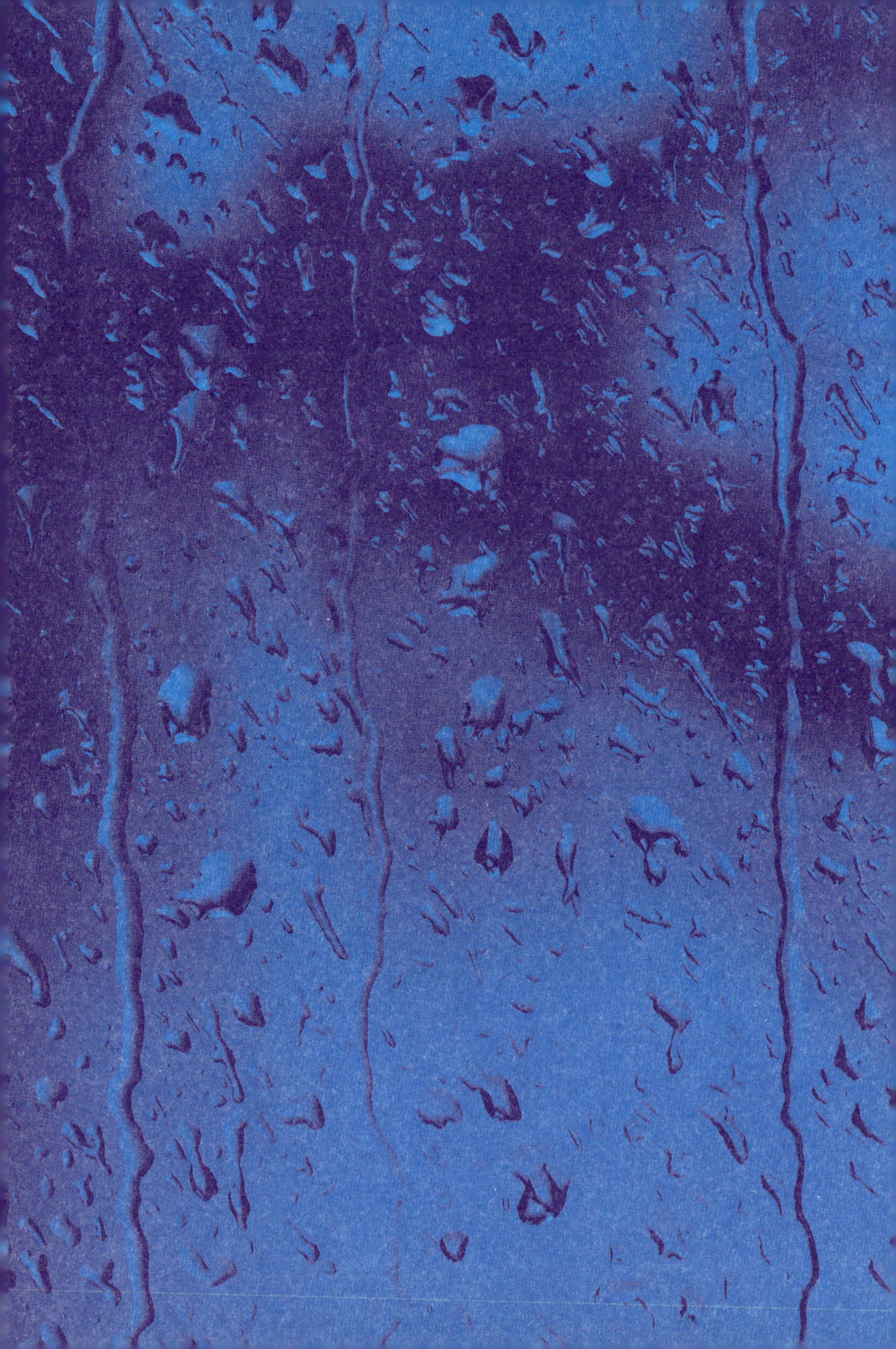

Sigrid Maria Groh

Die Ernte der Schlachtfelder – Auszug aus der Erzählung *Der Gärtner Gottes*

Die Ernte der Schlachtfelder, die Ernte der Weizenfelder, der Regen, die Sonne, das Blut, das sie getränkt. Die Schlachtfelder und die Weizenfelder. Der Weizen, der im August in der Sonne glüht. Die Schlachten, die im August in der Sonne glühen. Die Toten, die unter der Sonne brennen, das Totenbett, unter der Sonne zelebriert.

Die Weizenfelder von einst sind die Weizenfelder von morgen. Aber täuschen wir uns nicht. Die Schlachtfelder von einst sind die Schlachtfelder von morgen.

Wenn es so war, im Sommer, auf dem Schlachtfeld, die Sonne über den Ähren, der Weizen, der mit dem Blut befleckt, das Blut das Brot der Schlachtfelder und ihrer Ähren, was ist, wenn ich mich täusche, weil ich die Sonne sehen will, sehen will auf dem Schlachtfeld, auf seinem Grab, wenn der Tag grau, sonnenlos, aussichtslos, das Los geworfen hat auf ihn, wenn der Regen, der Regen auf dem Schlachtfeld und der Wind der eisige, durch die Gräben fährt, dort in den armseligen Gräben sind sie geschützt, ist er geschützt, kein offenes Feld, wo er dem Tod in die Arme rennt, wo ihn die Kugel trifft, blitzartig, hinterrücks, bevor er greifen kann an seine Brust, bevor er in die Sonne blickt, ein letztes Mal in die Sonne blicken kann, wo keine ist, keine Sonne, ein aschfahles Grau hängt über dem Feld, der Regen rinnt über sein Gesicht, der Mund geöffnet, weil er schreien muss, weil er fragen muss, warum er, warum er, weil er noch rufen will, nach ihm, dem Sohn, dass er ihm die Hand reicht, in die Augen sieht, das Gesicht vor seinen Augen erlischt, erloschen ist was soeben noch geatmet gefühlt gefleht gebetet, das Stoßgebet verhallt.

Im Regen, im Regen, im Schnee, im Wind, im kommenden Regen, im Schnee, der morgen fallen wird, geht der Wind, ungestört, ungehindert von einem zum andern, mischt er sich unter den Strom der Toten, verströmt er sich ungehindert über bleiches Haupt, müde die Sonne, abgemäht das Feld.

Der Regen, der auf die Sterbenden fällt, der nicht aufhören will, über sie herzufallen, der sie durchtränkt, den Leib aufschwemmt, aufgeschwemmt die Gefallenen, wenn der Regen, der unablässige Regen über sie hergefallen, wer wünscht sich einen solchen Tod? Du? Wünschst Du Dir einen solchen Tod, wenn der Regen, der nicht aufhören will, über Dich herzufallen, Dich durchtränkt, wenn Du da liegst und manch einer neben Dir liegt, schreit, schreit noch im Tode schreit, weil er gestorben ist, und nicht sterben will, und Du liegst mit Deinen Gefallenen im Feld und der Regen hört nicht auf, er hört nicht auf, über Dich herzufallen. Wünschst Du Dir einen solchen Tod?

Einer steht dort. Einer steht dort und spricht ein Gebet. Das Gebot für die Überlebenden ist, das Gebet zu sprechen für die Toten. Das ist der Sinn des Überlebens. Einen sehe ich dort stehen, er steht im Regen, im unablässigen Regen spricht er das Totengebet. Der Weizen, die Ähren, das Totenbett im August, den Kaddisch höre ich sie singen.

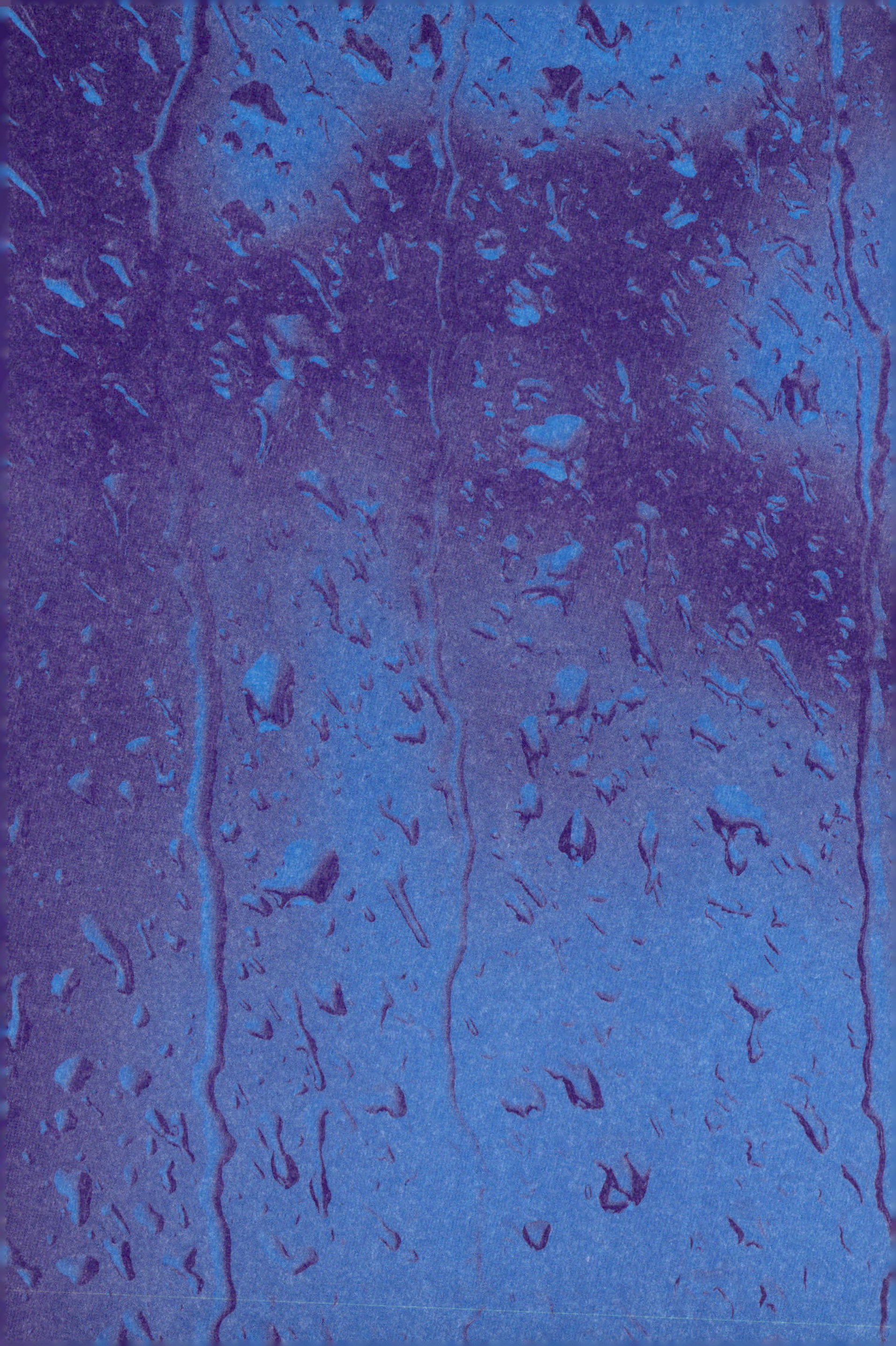

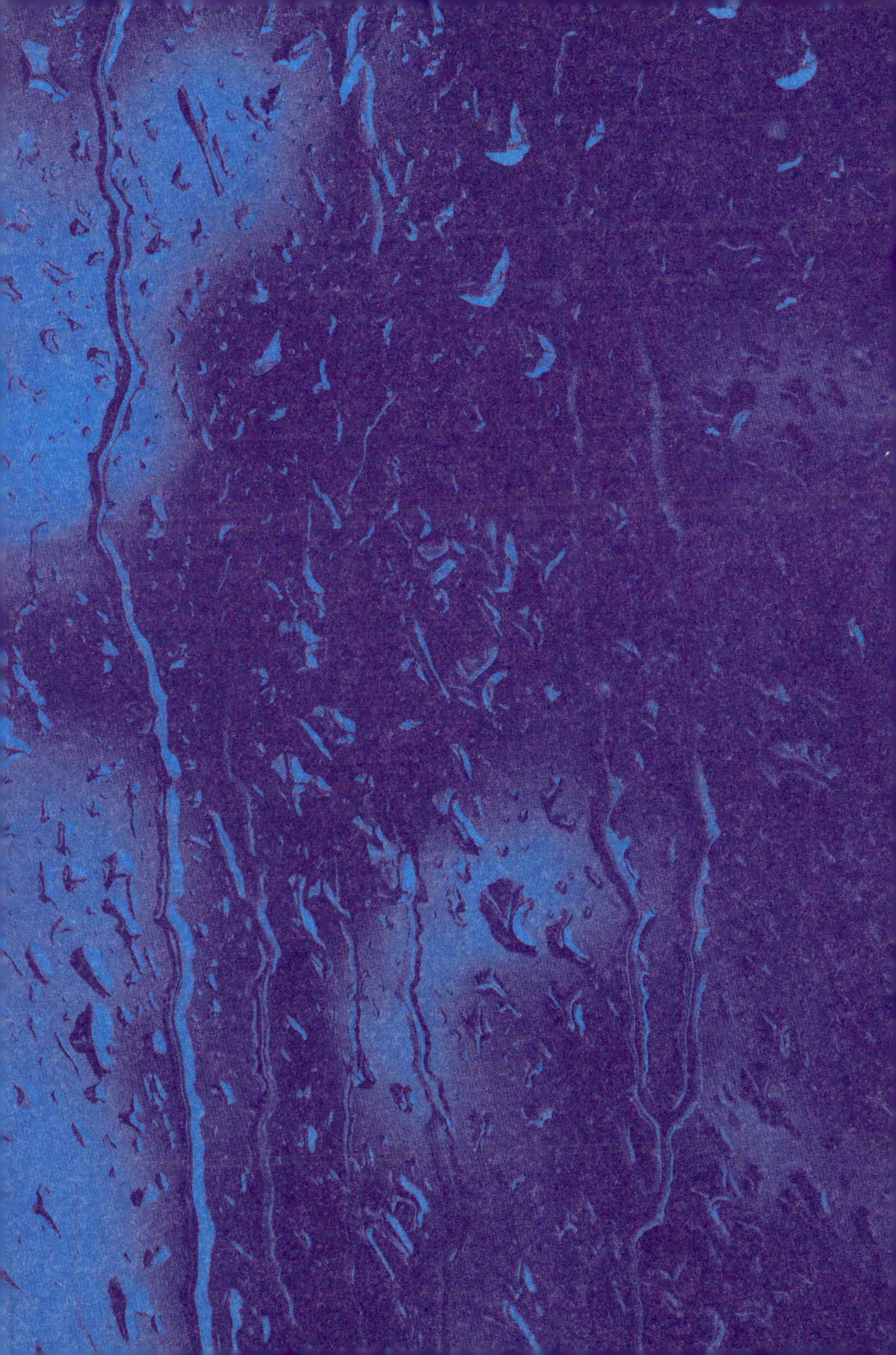

Die Autorinnen und Autoren

Cornelia Becker
Geboren in Paderborn. Studien: Germanistik, Spanisch, Kunsttherapie. Publizierte Romane, Erzählungen, Essays und Gedichte (u. a. Aufbau Verlag, Rowohlt, Eichborn). Für ihre literarischen Arbeiten erhielt sie Auszeichnungen und Stipendien. Zuletzt erschien ihr Gedichtband *Rückkehr der Hornhechte*, bei PalmArtPress, Herbst 2023.

Sarah Covak
Wuchs in Deutschland und Norwegen auf. Sie studierte Mathematik und Philosophie in Heidelberg, Neu-Delhi und Berlin. Als digitale Nomadin reist sie leidenschaflich gern. Sie hat *Algorithmen für Dummies* ins Deutsche übersetzt und schreibt als Journalistin Beiträge über Robotik und Künstliche Intelligenz. Im April 2021 erschien ihr erstes Buch, ein IT-Kompendium über die Programmiersprache *Python*. In ihren Gedichten widmet sie sich vorrangig politischen Themen wie Klimakrise und Feminismus.

Ulrike Gramann
Jahrgang 1961, schreibt erzählende und freie Prosa. Nach ihrem Debüt *Die Zeit Ines* (1997) erschienen vornehmlich Erzählungen, darunter der Band *Du bist kein Kind mehr* (2014). In *Die Sumpfschwimmerin* (Roman, 2017) begegnen sich dissidente Frauen aus Ost- und West-Berlin. 2020 erzählte Gramann in *Meetchens Hochzeit* von einer jungen Frau, die in einer engen Welt voll Turbulenz und Tücke gefangen ist, und publizierte 2023 den Erzählband *Die Unberechenbarkeit des Lebens*.

Sigrid Maria Groh
Veröffentlichte aus ihrem „ausufernden Tagebuch" zusammen mit den Zeichnungen des verstorbenen belgischen Malers Edward Lenaerts *Schwarze Orchideen* und *im abendland ein morgenland / im morgenland ein abendland / dein herz und meine seele*. Es folgten *Black Iris* und *Ozeane der Stille*, sowie *Die Zärtlichkeit der Wölfe*. 2020 veröffentliche sie ihre Erzählung *Sieh die Engel Sie schreiten*, 2022 *Licht und Staub und Ewigkeit*, 2023 folgt *Der Gärtner Gottes*.

Ruth Fruchtman
In London geboren, am Meer aufgewachsen. Nach ihrem Germanistikstudium auf Wanderschaft, seelisch und sonst. Zunächst in Frankreich, seit 1976 in Deutschland. Zuerst in Stuttgart, zog sie Ende 1986 nach Berlin um. Sie erhielt mehrere Schriftstellerstipendien des Berliner Kultursenators, 2001–02 ein Stipendium der Kulturstiftung der Länder in der *Villa Decius*, Kraków. Außer Veröffentlichungen in Anthologien und Literaturzeitschriften schrieb sie Features für den Hörfunk. Romane: *Krakowiak*, 2013; *Jerusalemtag*, 2017, beide im KLAK Verlag, Berlin. Jetzt Arbeit an einem neuen Roman.

Heinrich von der Haar
Geboren 1948, hat seine Kindheit unter elf Geschwistern auf einem münsterländischen Bauernhof im preisgekrönten Debüt-Roman *Mein Himmel brennt* und seinen Aufbruch ins West-Berlin der 1970er-Jahre im Roman *Der Idealist* erzählt. Weitere Romane sind der *Kapuzenjunge* und *RikschaTango*. Er ist Mitglied im PEN Deutschland, Vorsitzender des Literatur-Kollegiums Brandenburg e. V. und Gründer der Heinrich von der Haar Literaturstiftung. www.HeinrichvonderHaar.de.

Andra Joeckle
Auf den ersten Schrei ins Novemberlicht der Welt in Freiburg folgte der Magister an der Sorbonne über Paul Celan, die Promotion über Uwe Johnson, der Debütroman *Laura und die Verschwendung der Liebe* im Residenz Verlag, eine hübsche Zahl an Hörspielen, künstlerischen Features, literarischen Übersetzungen für die ARD, an Preisen und Stipendien für Paris, Krakau und Venedig und andere Orte, das Stadtschreiberamt in Hermannstadt, zuletzt 2023 eine Auszeichnung für die Erzählung *Die Rosssprachmeise* und jetzt ein sonniger Platz hier in einer *Regen*-Anthologie. https://www.literaturport.de/lexikon/andra-joeckle/.

Bernd Kebelmann
Geboren 1947 in Rüdersdorf/Berlin; Diplom-Chemiker, erblindet. Lyriker und Erzähler, literarische Features, Kunstprojekte *Tastwege* und *Lyrikbrücken*. Leiter VS-Lesebühne *Schmitz Katze*. Lesungen mit Musikern, Übersetzungen ins Polnische; sechs Gedichtbände, zwölf Erzählungen/Romane, davon fünf Romane um Kalkdorf am Bruch. Stipendien, Förderpreise; Andreas-Gryphius-Preis 2023 (Künstlergilde); www.berndkebelmann.de.

Salean A. Maiwald
Abendgymnasium, studierte in Tübingen, Abschluss Dr. phil. Sie reiste häufig nach Griechenland und Israel, veröffentlichte *Aber die Sprache bleibt – Gespräche in Israel; Von Frauen enthüllt – Aktdarstellungen durch Künstlerinnen vom Mittelalter bis zur Gegenwart; Schwebebahn zum Mond* und zuletzt den Lyrikband *Ölbaum*.

Reinhild Paarmann
1950 in Berlin geboren und dort lebend. Mitglied im Verband Deutscher Schriftstellerinnen und Schriftsteller in ver.di seit 1984. Veröffentlichungen u. a.: *Der Storymaker und andere Neuköllner Geschichten* Wolfgang Hager Verlag, Stolzalpe 2021, *Die Traumplaneten*, Roman, Wolfgang Hager Verlag, Stolzalpe 2022, *Weltenspringerin*, Roman, Wolfgang Hager Verlag, Stolzalpe 2023. www.reinhild-paarmann.de.

Jürgen Polinske
1954 in Potsdam geboren, 1973 Abitur, NVA, Kristallographiestudium (nicht beendet), Dienst an der Staatsgrenze der DDR, Fachschulstudium, Bibliotheksfacharbeiter. Verheiratet, zwei Kinder. Von 1990 bis April 2018 Obermagaziner der Zentralen Universitätsbibliothek der Humboldt-Universität zu Berlin, jetzt Rentner. Herausgeber mehrerer Anthologien zur internationalen Dichterbegegnung Cita de la Poesia und in diversen Anthologien in Deutschland, Spanien und Lateinamerika vertreten. Autor etlicher mehrsprachiger Lyrikbände.

Ilke S. Prick
Schriftstellerin und Psychologin. Sie schreibt Kinder- und Jugendbücher, Romane für Erwachsene, Kurzgeschichten, satirische Kolumnen und Radiogeschichten für Kinder. Ihre Arbeit wurde mit verschiedenen Stipendien ausgezeichnet. In Schreibwerkstätten unterstützt sie Menschen unterschiedlichen Alters, kulturellen und sozialen Hintergrunds beim Schreiben von Geschichten. Sie ist Dozentin für Kreatives Schreiben und Mitgründerin der Akademie für literale und mediale Bildung. www.daswortlabor.de.

Waltraud Schade
Uni-Abschlussarbeit über Karoline von Günderrode und Bettina Brentano. Vorträge und Lesungen zu verschiedenen Aspekten ihrer Magisterarbeit. Text zur Geschichte der Frauenprojekte in Berlin-Schöneberg. Texte über die Ereignisgeschichten legendärer Gebäude in Berlin-Kreuzberg und Tiergarten. Texte für eine Friedhofs-CD-ROM über berühmte Tote. Texte über Künstlerinnen in Berlin-Treptow. Veröffentlichungen in belletristischen und kulturwissenschaftlichen Anthologien.

Edeltraud Schönfeldt
Westberlinerin, Jahrgang 1950, wurde Diplombibliothekarin, Diplom-Psychologin und freie Lektorin mit dem Schwerpunkt psychologische Fachliteratur. Seit über 50 Jahren schreibt sie Lyrik und Prosa. Der Gedichtband *Schattenfarbe* erschien 1996 im BONsai typART Verlag, das *Mitlesebuch* Nr. 81 im Aphaia Verlag 2009, der *Einblattdruck* Nr. 147 bei PalmArtPress 2018 und endlich der Roman *Raben – Spaziergänge mit dem Vater* 2022 im trafo Literaturverlag. www.edeltraud-schönfeldt.de.

Georg Steinmeyer
Wurde am 21. Dezember 1972 in Krefeld geboren und wuchs in Kempen am Niederrhein und in Bamberg auf. Seit 1993 lebt er in Berlin, wo er an der TU Germanistik und Politologie studierte. Veröffentlichungen u. a. *Berlin Schlossplatz – Anmerkungen zu einer Debatte* (2002), *Siegfried Kracauer als Denker des Pluralismus* (2008), *Eisenbahn und Sinnlichkeitsverlust* (2009), *Die Gedanken sind nicht frei. Coaching: Eine Kritik* (2018).

Josephina Vargas W. & Co
Ich bin langjähriges VS/ver.di-Mitglied. Das Schreiben sehe ich als Reflexion und Gedankenaustausch. Dieses Schaffen betrachte ich nicht als Selbstinszenierung, sondern als eine Art Gewebe aus Erfahrung und kritische Auseinandersetzung mit dem gesellschaftlichen Leben. In diesem Zusammenhang stehe ich nicht als Person im Mittelpunkt. Eher im Hintergrund. Deswegen nenne ich die Autorinnenschaft nicht nach meinen bürgerlichen Namen, sondern nach einem Bündnis der fragmentarischen emotionalen Vielfalt, welche der kreativen Tätigkeit zugrunde liegt.

Paul M Waschkau (Dichter/Dramatiker)
wuchs auf zwischen den Meeren, studierte Philosophie & Staatswissenschaften & residiert seit 1987 in Berlin. Inspiriert von atmosphärischen Fernen bewegt er sich in seinem literarisch/künstlerischen Schaffen eher im ortlosen Grenzbereich zwischen poetischer Prosa und peripherem Theater. Neben Dramen & TheaterUraufführungen erschien als Buch u. a. das romantische Fragment *archangelsk/träume aus titan*. Arbeitet aktuell an einem ODESSAroman. // more here >>> www.INVASOR.org // „Zuletzt ist nur das Gedächtnis des Herzens dauerhaft."

Michael-André Werner
schreibt Romane, satirische Texte und gibt Anthologien heraus. Er leitet Schreibwerkstätten für Kinder und Jugendliche an Schulen und im außerschulischen Bereich und ist Mitglied in verschiedenen Vereinen, die sich um Literaturvermittlung kümmern.
Romane: *Das Fallen* (2020), *Kopf hoch, sprach der Henker* (2014), *Ansichten eines Klaus* (2012), *Schwarzfahrer* (2003)
Preise: Walter-Serner-Preis (1995), Reinheimer Satirelöwe (1999), Weißer Rabe (2013). www.michael-andre-werner.de.

Gisela Witte
Ist gelernte Buchhändlerin und war auch als Galeristin tätig. Lange Auslandsaufenthalte führten sie nach England, Frankreich, in die Schweiz, die USA und Indien. Sesshaft geworden schloss sie einen Diplomstudiengang in Erziehungswissenschaften ab. Es folgten Zusatzausbildungen in Kinderpsychotherapie, Familientherapie und Lerntherapie. Sie veröffentlichte zahlreiche Kurzkrimis und Erzählungen in Anthologien, den Erzählband *Die silberne Kugel* und die Thriller *Herrenhaus*, *Im Adrenalinrausch* und *Kalt wie das Mondlicht*. Ihre Protagonisten sind die Zukurzgekommenen, Verwirrten, Randständigen.

Orla Wolf
Geboren 1971 in Ratingen/Nordrhein-Westfalen, lebt als Autorin, Bloggerin und Filmemacherin in Berlin. Sie studierte Literaturwissenschaften, Sprachwissenschaften und Philosophie und schloss ihr Studium mit einer Arbeit über Ingeborg Bachmann ab.
Neben sechs Büchern und fünf experimentellen Kurzfilmen veröffentlichte sie in zahlreichen Anthologien und Literaturmagazinen. 2023 schuf sie mit *studio-ka-i.com* eine Plattform für digitale Literaturexperimente. www.orla-wolf.de.

Die Anthologie wurde konzipiert, zusammengestellt und bearbeitet von Martina Wildner, Edith Ottschowfski und Henning Kreitel aus dem Vorstand des Verbands der Schriftstellerinnen und Schriftsteller (VS) Berlin.

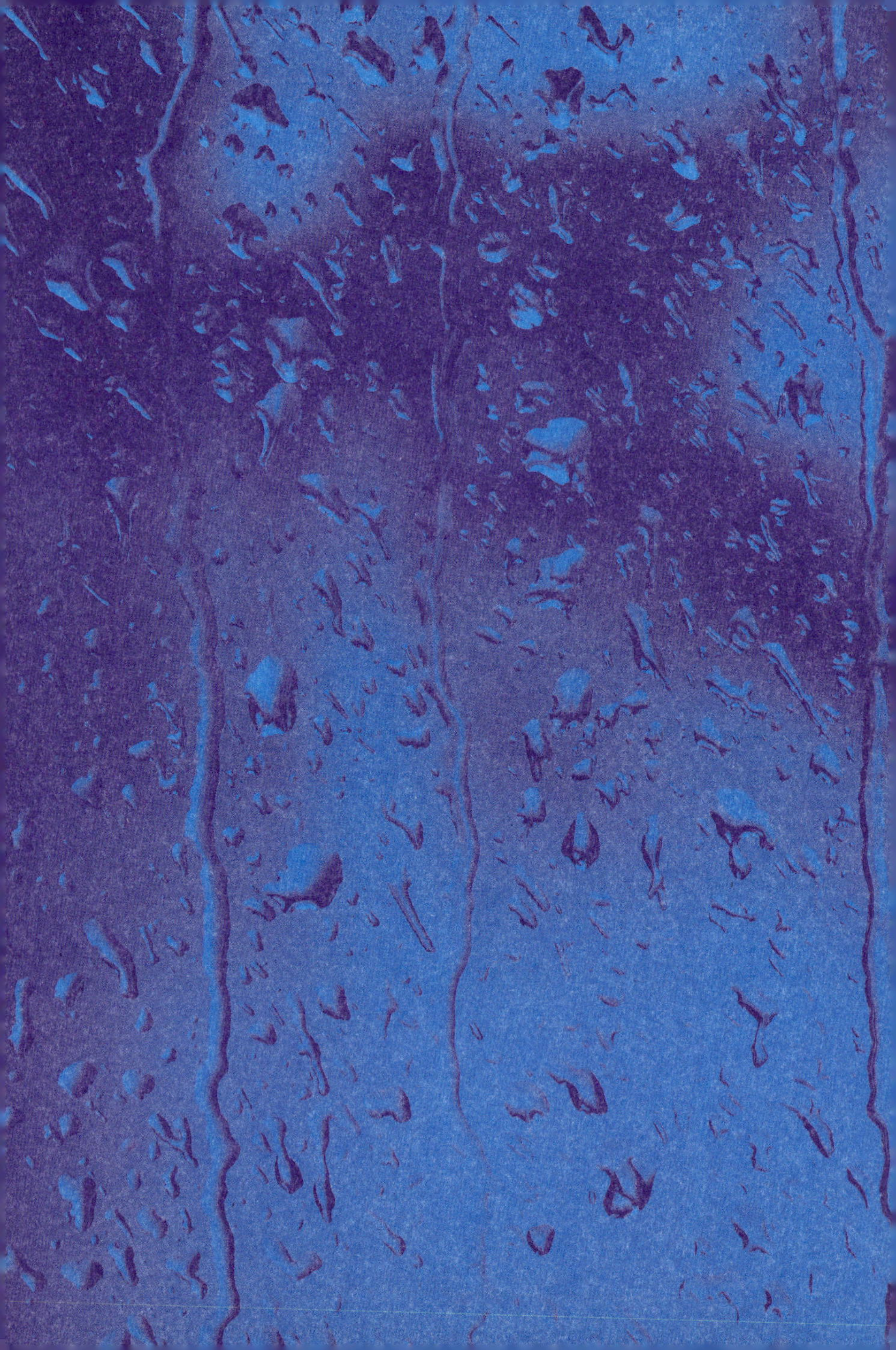

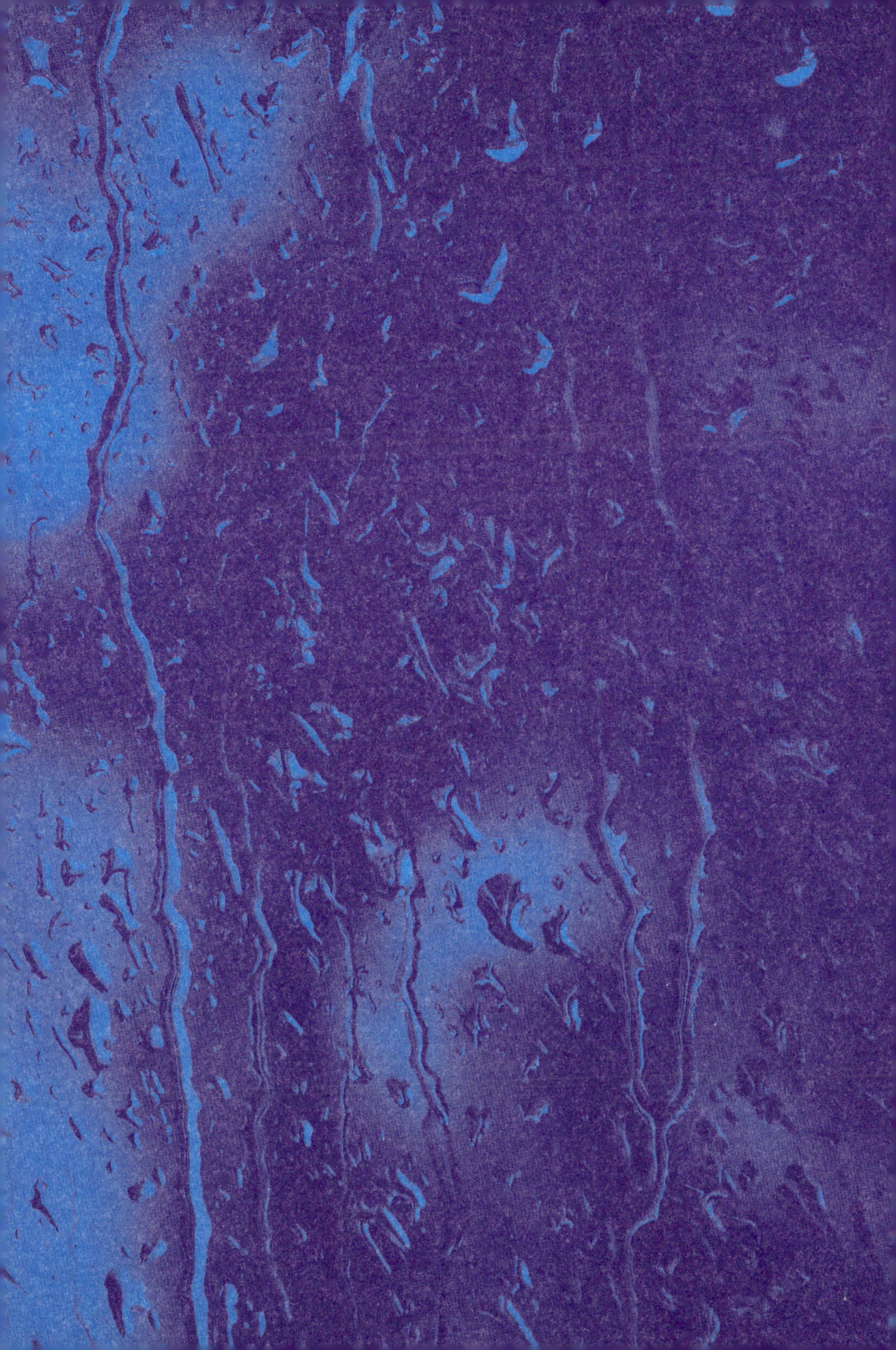

Ihre Papiere bitte!

Lyrik AG des VS Berlin

Mit Gedichten von Günther Bach, Ute Eckenfelder, Wolfgang Endler, Wolfgang Fehse, Frederike Frei, Gabriele Fritsch-Vivié, Dorle Gelbhaar, Renate Gutzmer, Joachim von Hildebrandt, Christine Kahlau, Henning Kreitel, Salean A. Maiwald, Steffen Marciniak und Reinhild Paarmann.

HARDCOVER · ISBN: 978-3-948675-06-6 · 14,00 €

GIBT'S ÜBERALL, WO ES BÜCHER GIBT.

Adam und Ada

Christian Kellermann

„Der Atlantik unserer Zeit ist ein Molekül. Der Tunnel unserer Zeit ist dein Algorithmus. Das Kryptonit die intelligente Proteinmaschine. Das Bohren die Manipulation der Moleküle. Der Bohrer der Quantencomputer. Die Arbeiter unserer Zeit, Ada, sind die Daten."

Natürlich hat Ada MacAllan sich als eine der ersten ein Implantat einsetzen lassen, um ihr Projekt „Adam" zu nutzen und zu testen. Schließlich hat die App, die einen auf dem Weg zum optimalen Lebensstil begleitet, ihr Unternehmen AI-X ganz nach vorne auf dem Gebiet der KI-Entwicklung gebracht. Inzwischen arbeitet die Programmiererin mit ihrem Team am nächsten Schritt: der vollständigen Berechenbarkeit von Proteinen – den zentralen Bausteinen des Lebens. Doch es will nicht vorwärtsgehen. Und der Druck auf Ada wächst, während in ihrem Privatleben alles aus den Fugen zu geraten scheint.

Ein Roman über den Nutzen und die Gefahren von Künstlicher Intelligenz und Selbstoptimierung, über Größenwahnsinn und Karriereziele, über Prioritäten im Leben und das Streben nach Unendlichkeit.

HARDCOVER · 408 SEITEN · ISBN: 978-3-988570-05-5 · 24,00 €

Und direkt bei uns: http://shop.hirnkost.de